『一带一路』自然灾害风险与减灾系列

『一带一路』自然灾害风险评估

崔鹏 雷雨 等 著

U0303001

科学出版社

北京

内 容 简 介

《"一带一路"自然灾害风险评估》结合"一带一路"区域自然环境与社会经济特征，针对地震、地质、干旱、洪水和海洋等灾害，探讨其孕灾、致灾与承灾环境演变格局，利用多尺度风险评估方法，实现各类灾害在全区域、局部区域、社区与工程的风险评估；综合各国先进风险管理经验，提出解决方案，以期实现沿线各国风险管理经验共享，建立适用于各国国情的风险管理平台。

本书主要面对从事自然灾害风险研究、基础设施规划、防灾减灾政策制定以及企业的相关人员。期望读者能够对"一带一路"区域内各类灾害及其风险有全面与直观的认识，并对宏观层面制定防灾减灾政策与措施提供科学有效的数据、方法与案例支撑，服务"一带一路"区域综合防灾减灾与可持续发展。

审图号：GS（2021）5944

图书在版编目（CIP）数据

"一带一路"自然灾害风险评估/崔鹏等著.—北京：科学出版社，
2021.11
（"一带一路"自然灾害风险与减灾系列）
ISBN 978-7-03-070264-7

Ⅰ.①一… Ⅱ.①崔… Ⅲ.①"一带一路"—国家—自然灾害—风险
评价 Ⅳ.① X431

中国版本图书馆CIP数据核字（2021）第216248号

责任编辑：韦 沁 李 静/责任校对：张小霞
责任印制：肖 兴/封面设计：北京图阅盛世

科学出版社 出版
北京东黄城根北街16号
邮政编码：100717
http://www.sciencep.com
中煤地西安地图制印有限公司 印刷
科学出版社发行 各地新华书店经销
*
2021年11月第 一 版 开本：787×1092 1/16
2021年11月第一次印刷 印张：10 1/4
字数：250 000
定价：168.00元
（如有印装质量问题，我社负责调换）

序

Climate change is happening faster than we think and the frequency and intensity of extreme weather events keep increasing. At the same time, poor urban planning and inequality drive disaster risk to grow much faster than the ability of many countries to build their disaster resilience. How to effectively reduce disaster risk in the face of growing hazards and vulnerabilities to safeguard sustainable development is the challenge of our time.

Historically, the Silk Road has facilitated social, economic, technological, and cultural exchanges between Asia, Europe, Africa, and other countries. It also happens to cover many less developed countries which are disproportionally impacted by disasters. Due to a coalescence of hazards, vulnerabilities and exposure, the Silk Road region is facing increased disaster risks, affecting the lives and livelihood of billions.

International cooperation and technological innovation are essential for countries to jointly address major disaster risks for sustainable development. The *Sendai Framework for Disaster Risk Reduction 2015–2030* and the *Paris Climate Agreement* are two global agreements that provide countries with a roadmap to reduce the impacts of current and future disasters. As a result, the implementation of these two agreements is critical to achieving the 2030 Agenda for Sustainable Development.

Key to their implementation is strengthening international cooperation and scientific research around addressing the drives of disasters. That is why the United Nations Office for Disaster Risk Reduction (UNDRR) and International Science Council (ISC) jointly launched the decade-long program Integrated Research on Disaster Risk (IRDR). We are glad to see that, at the same time, China has also taken an active role in promoting safe, green and sustainable development in the Silk Road region. Namely, through the international research program, the Silk Road Disaster Risk Reduction (SiDRR) was established by the Chinese Academy of Sciences and is also a flagship project of IRDR.

In cooperation with international research institutions and scientists, a team from the

Chinese Academy of Sciences compiled the *Atlas of Silk Road Disaster Risk* and *Glance at the Silk Road Disaster Risk* as part of the larger publication series on *Silk Road Disaster Risk Reduction*. The publications reflect the latest information, trends, and finding of the SiDRR's international disaster risk research and are a solid contribution to advancing the understanding of the disaster risk of the Silk Road region.

Moreover, the *Silk Road Disaster Risk Reduction* series is a good example of how research cooperation through international partnerships can support countries and stakeholders to progress toward evidence-based and risk-informed decision making.

We hope the countries of the region make use of the analysis presented in this series to further their understanding of risk. The release of these publications can also be considered an important contribution to the Midterm Review of the Sendai Framework in the Silk Road region to highlight ongoing risks. If acted on, the rich scientific findings from these publications can help reduce disaster risks in the Silk Road region and protect sustainable development.

Marco Toscano-Rivalta
Chief of the Regional Office for Asia and the Pacific
United Nations Office for Disaster Risk Reduction (UNDRR)

前　言

　　丝绸之路是中西方经济文化交流的桥梁和纽带，联通了几大文明古国的发祥地，促进了中西方文明的交流，被联合国教科文组织誉为"东西方文明交流对话之路"。随着"一带一路"倡议的推进，丝绸之路被赋予了新的内涵和生命力，它涉及广阔的地理区域，涵盖了 140 个国家和约 63% 的全球人口，穿越了世界上最密集的地震带、复杂的地质地貌区，具有独特的气象水文条件，是全球灾害发生频次、强度最高的地区之一。同时，区域内欠发达国家居多，社会经济发展程度较低，城乡发展需求高、基础设施建设速度快，导致灾害风险居高不下，灾害数量、经济损失与人员伤亡远高于全球平均值，严重影响区域社会经济发展和人民生命财产安全。因此，防灾减灾是"一带一路"各个国家和地区面临的共同挑战。

　　《"一带一路"自然灾害风险评估》选择亚欧大陆、非洲、大洋洲为研究区域，针对地震、地质、干旱、洪水、海洋等灾害，分析地质地貌、气候水文、社会经济等孕灾承灾环境，描述灾害及其风险的空间分布，研判灾害发展趋势，剖析典型灾害事件成因、影响及其应对措施。阐明了研究区自然灾害灾情现状、区域规律和发展趋势，提出了多尺度灾害风险评估方法，开展了全区域、局部区域、社区与工程尺度的灾害风险评估，揭示了灾害风险分布规律，构建了跨境灾害全周期、多层次、多元主体的协同管理模式，为域内国家地区发展与防灾减灾工作提供科学支撑。

　　本书通过分析研究区灾害风险，提出在风险管理中各个阶段协同地区、国家和社区的多层次利益相关者，发挥科学研究与科学家在协同管理灾害风险、提高抗灾能力中的作用。本书的目标旨在深化灾害风险认知，减少灾害影响，服务《2015—2030 年仙台减轻灾害风险框架》《2030 年可持续发展议程》等联合国减灾目标在区域的落地实施。

　　在中国科学院对外合作重点项目"'一带一路'自然灾害风险与综合减灾国际研究计划"（批准号：131551KYSB20160002）[该项研究被联合国减灾署（UNDRR）和国际科学联合会（ISC）共同支持的国际灾害综合风险研究计划（IRDR）遴选为旗舰项目]、国家自然科学基金重大项目"青藏高原东缘地形急变带山地生态 – 水文过程与山地灾害互馈机制及灾害风险调控"（批准号：41790430）、中国科学院前沿科学重点研究项目"气候变化条件下山地灾害链形成机理与演化过程"（批准号：QYZDY-SSW-DQC006）、四川省国际科技创新合作项目（批准号：2021YFH0009）、中科院学部咨询评议项目"'一带一路'自然灾害风险防范"等项目的研究成果基础上，对自然灾害孕灾背景、分布规律、发展趋势、风险分析与风险管理模式进行深入分析研究，在此基础上撰写了本书。

　　本书由崔鹏主持编写，雷雨和吴圣楠统稿。第 1 章由崔鹏、Irasema Alcántara-Ayala 和 John Handmer 撰写；第 2 章由邱海军、陈曦、王东晓、蒋长胜、邹强、包安明、刘铁、胡胜、罗耀、张正涛、Gopi Krishna 撰写；第 3 章由崔鹏、邱海军、陈曦、王东晓、汪明、蒋长胜、邹强、包安明、刘铁、胡胜、罗耀、张正涛、陈容、Amod Mani Dixit 撰写；第 4 章由吴圣楠、崔鹏、雷雨、唐晨晓、张正涛等撰写；第 5 章由雷雨、吴圣楠撰写；附录由张正涛、邹强、雷雨编写。崔鹏、雷雨、吴圣楠、邹强、张正涛和唐晨晓审阅全稿并进行修改，参加全书修改工作的还有周丽琴、李家颖。本书初稿完成后，程晓陶、马柱国、王晓青、王中根、王辉、仇天宇等专家认真审阅了书稿，提出了详细的书面意见，对于提高本书的学术质量起到关键作用。

　　本书作为"'一带一路'自然灾害风险与减灾系列"的一部分，将与《自然灾害地图集》共同出版，同时发行英文版以便全球读者阅读。在本书即将出版之际，谨向所有作者、审稿专家、协助编写的研究生们，以及鼎力支持的科学出版社与中煤地西安地图制印有限公司致以衷心的谢忱！同时对在使用本书过程中提出宝贵意见和建议的读者表示感谢！

2021 年 10 月 13 日

目　　录

第 1 章　背景与内涵

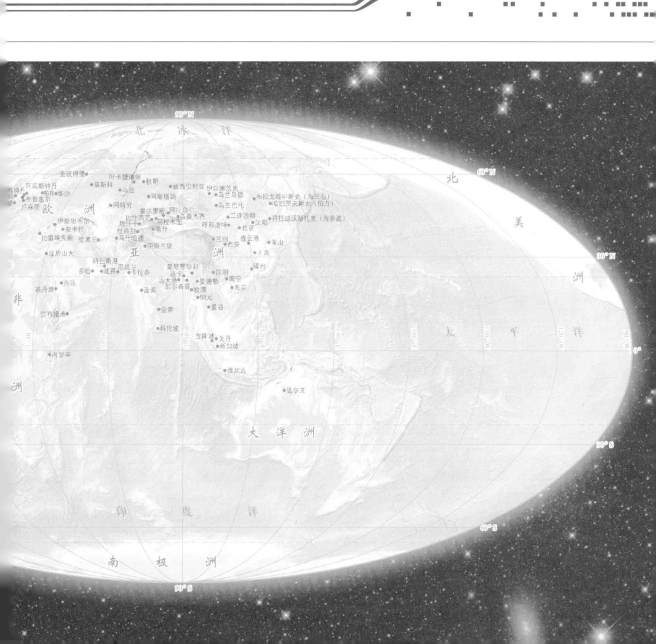

"同自然灾害抗争是人类生存发展的永恒课题。要更加自觉地处理好人和自然的关系，正确处理防灾减灾救灾和经济社会发展的关系。"

——习近平

　　地球系统的内外动力作用及其耦合在地球表层形成了一系列剧烈的自然过程和自然现象。当这些激变发生在人类居住的区域，就会给社会造成巨大的损失，我们把这些给人类带来灾难的地球表层变化和过程称之为自然灾害。纵观历史，人类就是在利用资源、减少灾害、寻求更好生存环境的过程中不断迁徙和交流，不断认识自然规律，积累知识和智慧，提高生存能力，促进文明的发展。从这个意义上讲，人类自诞生的那一刻起，就注定与自然灾害共存，人类文明与自然灾害共生。

　　古丝绸之路始于中国古都长安，绵亘万里，延续千年，是两千多年来中国与世界的一条古老的贸易和文化交流之路，是东西方文明交融的结晶。在当今时代背景下，中国继承以和平合作、开放包容、互学互鉴、互利共赢为核心的丝绸之路精神，于2013年提出"一带一路"倡议，旨在把"一带一路"地区建设成为和平之路、繁荣之路、开放之路、绿色之路、创新之路、文明之路，增添共同发展新动力。

1.1　共同的"一带一路"

　　古丝绸之路，始于西汉，千年来积淀了以和平合作、开放包容、互学互鉴、互利共赢为核心的丝路精神，是人类文明的宝贵遗产。2013年9月7日，国家主席习近平在哈萨克斯坦纳扎尔巴耶夫大学做题为《弘扬人民友谊，共创美好未来》的演讲，提出共同建设"丝绸之路经济带"。2013年10月3日，习近平主席在印度尼西亚国会发表题为《携手建设中国－东盟命运共同体》的演讲，提出共同建设"21世纪海上丝绸之路"。"丝绸之路经济带"和"21世纪海上丝绸之路"简称"一带一路"倡议。截至2021年6月底，"一带一路"倡议得到140个国家和地区的响应，涉及44亿多人口[1]，包括六大国际经济合作走廊(图1.1)，多个港口，以及公路、铁路、航运、航空、管道、空间综合信息网络等。目前，伙伴数量

---

①中国一带一路网. 2021. https://www.yidaiyilu.gov.cn/gbjg/gbgk/77073.htm [2021-6-30].

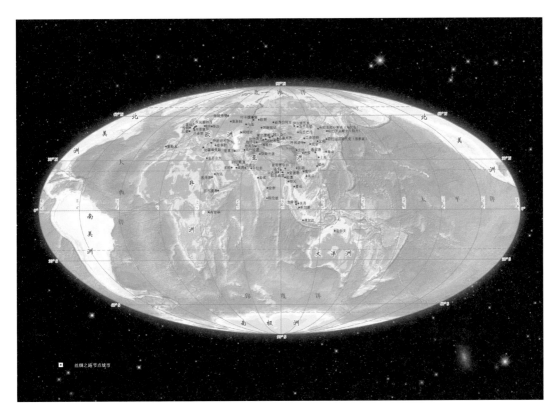

0   2500   5000km

图 1.1　研究区地理位置图

还在不断增长，旨在通过该倡议，把"一带一路"地区建设成为和平之路、繁荣之路、开放之路、绿色之路、创新之路、文明之路，增添共同发展新动力。"一带一路"地区，不是简单的贸易路线沿线的经济体，而是一个跨越不同地域、不同发展阶段、不同文明的广阔区域，是一个开放包容的经济合作倡议，是一个国际合作新平台，是一个各方共同打造的、向所有志同道合的朋友开放的全球公共产品。

在气候变化的大背景下，全球性气候事件所引发的灾害对人类社会的影响广泛存在，在局部地区愈发激烈。"一带一路"地区跨越多个气候区，构造隆升剧烈、地形起伏明显，地球内外动力作用强烈。区域内自然灾害类型多样、分布广泛、活动频繁，对社会生产造成巨大经济损失，对人居安全造成严重威胁，是社会经济发展的重大制约因素。"一带一路"地区多数国家经济欠发达，很多国家单靠国内资源很难应对重大自然灾害，抗灾能力弱，防灾减灾是这一地区社会经济可持续发展的迫切需求。面对时代命题，中国提出的"一带一路"倡议，必然需要与国际合作伙伴共同寻求新的适合当代区域发展的自然灾害风险协同管理模式，协同地区内各个国家，共同提高区域应对灾害的能力，实现区域社会、经济、生态的协同可持续发展。

1.2 自然灾害影响

　　"一带一路"地区包括陆上"丝绸之路经济带"和"21世纪海上丝绸之路"。陆上"丝绸之路经济带"区域内自然环境差异明显、地质构造复杂、地形起伏大、侵蚀营力活跃，加之受季风气候影响，降水集中，地震、地质、气象等自然灾害极为发育，具有分布广泛、活动频繁、危害严重的特点；"21世纪海上丝绸之路"在全球变暖和海平面上升，以及海底地震多发的背景下，区域内台风、风暴潮、地震海啸频发。这给"一带一路"地区各国社会及自然环境造成极大的威胁。

　　自然灾害对"一带一路"地区的影响，具体体现在直接危害和间接危害两个方面。直接危害指由灾害直接冲击造成的人员伤亡和经济财产损失，包括对建筑和基础设施的破坏。间接危害指没有受到灾害直接冲击，但由于受灾地区交通瘫痪、基础设施损毁等因素的影响，灾情向受灾地区之外蔓延而造成的经济损失。据联合国统计，全球范围频繁发生的自然灾害事件数量不断上升，危害程度逐年增加（图1.2），给"一带一路"地区带来了巨大的财产损失和人员伤亡，对社会和经济发展造成了巨大的负面影响。"一带一路"地区的灾害损失与国家国内生产总值（gross domestic product，GDP）的比值是全球平均值的两倍以上，且灾害导致的人口死亡率持平或超过世界平均值（Lei *et al.*，2018）。重大灾害还会间接造成资源和环境破坏，如造成植被生态系统的严重损毁，对人类生存环境和生物多样性的维系造成灾难性影响，同时还会增加财政支出，影响正常的工农业生产、商业秩序发展，并导致受灾百姓流离失所、被迫迁徙等。自然灾害严重威胁了"一带一路"倡议的实施和地区的可持续发展，防灾减灾、管控风险的任务迫在眉睫。

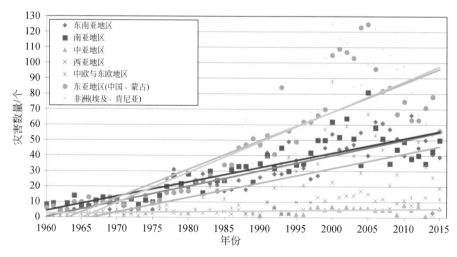

图 1.2　1960 ～ 2015 年全球自然灾害事件

数据来源：突发事件数据库（Emergency Events Database，EM-DAT）

1.3 减灾国际协议

防御和减轻自然灾害是人类可持续发展面临的共同挑战，联合国对减轻灾害风险给予了很多关注。自 1990 年以来，联合国一直在努力促进减灾模式的转变，提倡全球在统一指导性框架下共同努力降低灾害风险，其出台的文件对各国政府在战略和行动等层面开展防灾减灾提供了指导，取得了明显的进展和成效。2015 年对联合国来说是意义重大的一年，在过去 20 多年的基础上，通过了《2015—2030 年仙台减轻灾害风险框架》（简称《仙台框架》）、《2030

图 1.3 联合国协议与"一带一路"减灾的联系

年可持续发展议程》和《巴黎协定》3 项具有里程碑意义的协定。3 个协定相辅相成，在灾害防控目标上保持一致，《仙台框架》是《2030 年可持续发展议程》进程中各国签署的重要减灾协议，为达成《巴黎协定》和实现可持续发展目标铺平了道路（图 1.3）。

灾害风险管理是全球可持续发展和减缓气候变化工作的核心，因此，需要敦促各国在其框架下实践防灾减灾策略，提高抵抗灾害的能力，在一定程度上实现更持续的发展，共谋人类福祉。

1.3.1 《2030 年可持续发展议程》

联合国 193 个会员国领导人于 2015 年 9 月在联合国可持续发展首脑会议上通过了《2030 年可持续发展议程》，该议程涵盖 17 个可持续发展目标和 169 个子目标，其中直接与灾害风险防控相关的子目标有 25 个。议程的独特之处在于呼吁不同收入水平的所有国家共同采取行动，促进繁荣并保护地球。此外，可持续发展目标还认识到，在致力于消除贫穷的同时，需实施促进经济增长，满足教育、卫生、社会保护和就业机会等社会需求，应对气候变化，保护环境的战略。

1.3.2 《巴黎协定》

《巴黎协定》是 2015 年 12 月 12 日在巴黎气候变化大会上通过，于 2016 年 4 月 22 日在纽约签署的关于气候变化的协定。《巴黎协定》主要是为 2020 年后全球应对气候变化行动做出安排，共 29 条，包括目标、减缓、适应、损失损害、资金、技术、能力建设、透明度、全球盘点等内容。其重点是减少排放，相比工业化前，将全球平均气温升幅控制在 2℃ 以下，并争取实现 1.5℃ 目标，同时提高适应气候变化不利影响的能力。从人类发展的角度看，《巴黎协定》将所有国家都纳入呵护地球生态、确保人类发展的命运共同体当中，按照共同但有区别的责任原则、公平原则和各自能力原则，进一步加强联合国气候变化框架公约的全面、有效和持续实施。

《巴黎协定》明确指出气候变化是自然灾害的驱动条件，控制气候变暖有助于防止全球海平面上升，削弱海洋灾害强度，减少极端天气事件发生概率，降低与之相关的干旱、洪水、滑坡、泥石流等灾害的发生频次，对于"一带一路"地区防灾减灾有着重大意义。

1.3.3 《仙台框架》

2015 年 3 月 18 日，第三届世界减灾大会在日本仙台闭幕，187 个国家和地区与会，会议最终通过《仙台框架》，确定了全球性七大目标和 4 个优先行动事项，呼吁全球各国加大减灾投入力度，加强能力建设，减少自然灾害带来的损失。这是联合国首次提出具体要求和期限的全球性防灾减灾目标，为灾害应对和灾害风险管理提供了新的方法。

1. 七大目标

（1）大幅降低全球灾害死亡率；

（2）大幅减少受影响的民众人数；

（3）减少与全球和国内生产总值相关的经济损失；

（4）大幅减少灾害给卫生和教育等关键基础设施带来的损失，以及对基本服务的干扰；

（5）大幅增加已制订国家和地方减少灾害风险战略的国家数目；

（6）大幅提高对发展中国家的国际合作水平；

（7）大幅增加人民获得和利用多灾种预警系统，以及灾害风险信息和评估结果的概率。

2. 4 个优先行动事项

（1）理解灾害风险；
（2）加强灾害风险治理，管理灾害风险；
（3）投资于减少灾害风险，提高抗灾能力；
（4）加强备灾以作出有效响应，并在复原、恢复和重建中让灾区"重建得更好"。

1.4　机遇与挑战并存

　　人类文明与自然灾害是共生的，给人类带来挑战的同时也会创造机遇。习近平主席2016 年到唐山考察时指出："同自然灾害抗争是人类生存发展的永恒课题。要更加自觉地处理好人和自然的关系，正确处理防灾减灾救灾和经济社会发展的关系。"为了自身的生存与发展，人类必须认真面对并妥善处理好这个关系，努力促进人与自然的和谐发展。

　　为实现可持续发展目标，有效应对自然灾害的威胁，"一带一路"地区需要不断提升对重大自然灾害的应对能力，以保证"一带一路"倡议的实施及区内各国的共同持续发展。这使各国的防灾减灾工作面临了新的挑战，同时也为创造一种全新的自然灾害风险协同管理模式及其政策落地提供了重要契机。

　　防灾减灾是"一带一路"国家共同面临的重大现实问题，是各国间合作的最大公约，也是沿线国家民心相通的重要切入点。"一带一路"地区将同心协力、携手前行，在联合国《2030 年可持续发展议程》、《仙台框架》和《巴黎协定》的指导下协同推进，始终坚持绿色发展理念，在基础设施建设、投资与贸易活动中坚持绿色发展，践行生态文明理念，并不断加强在生态环境保护、生物多样性保护和应对气候变化等领域的合作，为参与"一带一路"倡议的国家提供新的发展机遇。

　　各国需要携手并进，聚焦减灾与可持续发展，加强科技合作，分享科技创新成果，充分凝聚国际共识，谋划减灾科技合作新路径，搭建国际协同减灾新平台，致力于促进各国更加科学、更加有效地应对重大自然灾害风险，提高抵抗灾害风险的能力，推动国家可持续发展、增进各国民生福祉，实现区域共同发展。

参 考 文 献

Lei Y, Cui P, Regmi A D, *et al.* 2018. An international program on Silk Road Disaster Risk Reduction–a Belt and Road initiative (2016–2020). Journal of Mountain Science, 15: 1383-1396.

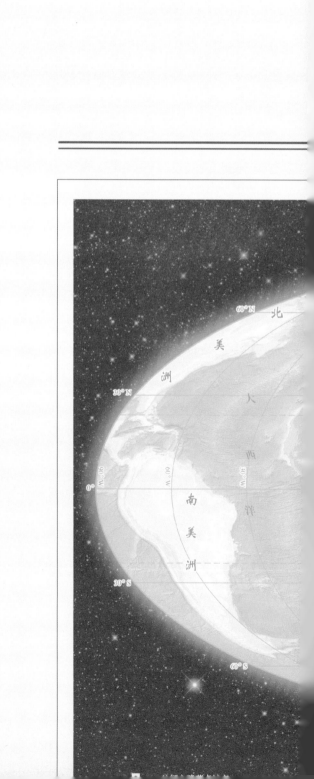

孕灾承灾环境 第 2 章

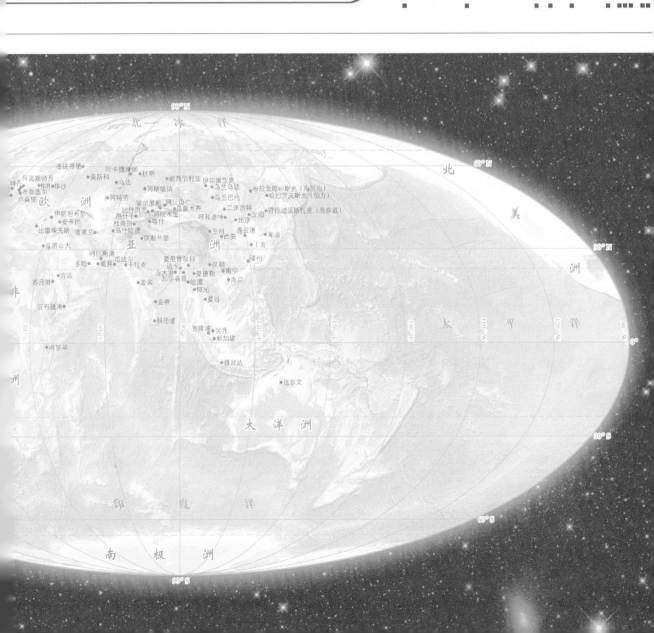

"烈风驾地震，狞雷驱猛雨。"

——杜牧

　　"一带一路"地区地域辽阔，自然环境差异大，工程地质条件复杂，区域内多个板块交界处的挤压和碰撞导致部分区域构造活动强烈。由于气候类型空间分异明显，加之水汽交换变化强烈，在内外动力作用条件下，该区域灾害类型多样、活动频繁、分布广泛。在气候变化大环境下，灾害数量和规模均呈现了上升趋势。然而，该区域中部分国家经济欠发达、受教育程度偏低，南亚和东南亚集中了全球人口密度最大的一些国家，整体防灾抗灾能力弱，频发的自然灾害严重影响民生安全，制约社会经济发展。本章关注造成影响最为严重的5种自然灾害，包括地震、地质、干旱、洪水和海洋灾害，探讨了灾害的孕灾与承灾背景及分布，并对区域内的自然灾害进行了科学分区，以期在宏观层面制定针对性的防灾减灾政策、措施，提供合理和高效的科学支撑。

2.1　孕灾与承灾背景

　　"一带一路"陆域地貌整体以山地、盆地和高原为主，从海拔最高的青藏高原到地中海，高差达8000m以上，呈中间高两头低的地形格局。地质构造上，由于板块挤压，区域内构造活动强烈，形成了几大高原高山带与岛屿（崔鹏等，2018）。气象水文方面，"一带一路"陆域途径区范围广阔，大部分地区由于全球气候变化导致气温呈现增加趋势。陆路区域跨越了亚热带、温带、寒温带和寒带等多个气候带，气象水文资源丰富但分布差异性大，干旱和洪水均在该区域广泛分布。与此同时，受各国社会经济发展和工业化水平差异影响，人口分布与经济发展不均（郭君等，2019）。

2.1.1　地质地貌

　　地质地貌作为地球内外应力耦合作用的表象，反映了构造运动的活跃程度，是地震、滑坡、泥石流等灾害孕灾环境的主要内部因素，也是自然灾害易发性的重要判识指标。

1. 地质构造

"一带一路"地区地跨多个大陆，大陆岩石圈历时多期、多旋回聚合-裂解，地质构造演化复杂，区内有阿拉伯板块、印度板块与欧亚板块，板块间的碰撞挤压导致区域内地震活动频繁，构造运动强烈，形成高山带与高原区。阿拉伯板块与欧亚板块斜向汇聚，形成扎格罗斯造山带和伊朗高原；印度板块与欧亚板块的俯冲、碰撞形成了现今构造活动最活跃的青藏高原（Knudsen and Andersen 1999；Pan *et al.*，2012）。与此同时，断裂构造的运动方式和活动强度对地质灾害影响大（郭长宝等，2015），其中乌拉尔-蒙古构造活动带、昆仑-祁连-秦岭构造活动带、特提斯-喜马拉雅构造活动带及太平洋构造活动带是"一带一路"地区较为活跃的构造带。"一带一路"各区域地质构造情况如下（图 2.1）。

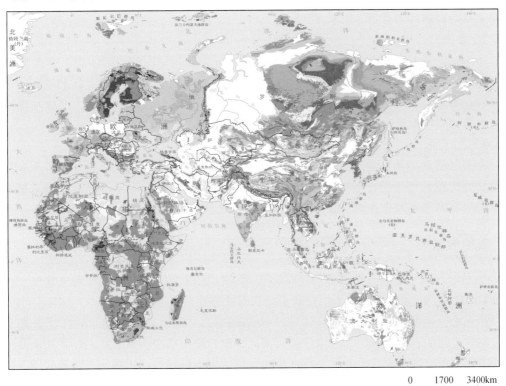

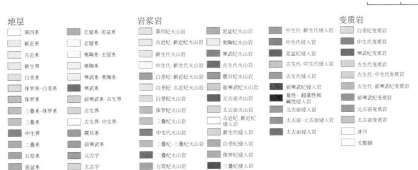

图 2.1　研究区地质图

1）亚洲

亚欧大陆是一个拼合的大陆，其中，亚洲地质上包含6个大、中型地台和4条夹持于其间的构造活动带。6个地台分别是西伯利亚地台、塔里木地台、中朝地台、阿拉伯地台、印度地台和扬子地台。4条构造活动带分别为北极构造活动带、乌拉尔－蒙古构造活动带、特提斯－喜马拉雅构造活动带和环太平洋构造活动带。

2）欧洲

欧洲位于欧亚大陆西部，约占亚欧大陆的1/5。地质上是一个以东欧地台为核心，总体上向南增生的大陆。东侧以乌拉尔褶皱带与西伯利亚地台相邻，西侧以挪威－不列颠岛－阿巴拉契亚加里东褶皱带与北美地台邻接，苏格兰最西北的赫布里底地区与格陵兰同属加拿大地盾。南侧以阿尔卑斯－高加索中、新生代褶皱带为界，意大利半岛等地的地块历史上与冈瓦纳古陆有亲缘关系。

3）非洲

非洲大陆除北部地区外，自前寒武纪起就是一个较为稳定的隆起陆块。非洲南部30亿年前的地层尚未发生变质作用，为世界上早前寒武纪地质记录保存最好的地区。非洲大陆由非洲地台和阿尔卑斯褶皱带的一部分组成。非洲地台包括除大陆西北缘从摩洛哥到突尼斯的阿特拉斯山脉之外的非洲大陆、马达加斯加岛和阿拉伯半岛。

4）大洋洲

大洋洲横跨印澳板块、太平洋板块和欧亚板块三大板块。该区域从太古宙至今经历了漫长的构造演化历史，形成了目前的地质构造格局：古老的大陆部分地壳相对稳定，新形成的岛屿部分构造活动频繁，地体发展自西向东由老变新。

2. 地形地貌

"一带一路"陆域自东向西经过的主要地形区依次为黄土高原、准噶尔盆地、图兰低地、伊朗高原、亚美尼亚高原、东欧平原和西欧平原，主要山脉有秦岭、天山、昆仑山、喜马拉雅山、兴都库什山、喀喇昆仑山、大高加索山、阿尔卑斯山等。"21世纪海上丝绸之路"连通的主要地形区为江南丘陵、恒河平原、德干高原、东非高原和阿拉伯高原，沿线主要山脉有阿尔卑斯山和乞力马扎罗山。其中各大区域地形地貌情况如下（图2.2）。

1）亚洲

东亚地形西高东低，第一级为青藏高原，该处海拔一般达4000m以上；第二级为一系列的盆地和高原；第三级为平原、丘陵和海岛。东南亚包括中南半岛和马来群岛两个部分，中南半岛"山河相间，纵列分布"，北部地势较高，山脉呈掌状向南展开；马来群岛地形崎岖，地势高峻且位于亚欧板块与印度洋板块交界处，地壳活动极不稳定。南亚北部是喜马拉雅山地，平均海拔为6000m；中部为大平原，河网密布、灌溉渠众多；南部为德干高原和东西两侧的海岸平原。中亚地势总体上呈现东南高、西北低。北亚地区纬度较高、人烟稀少，且西西伯利亚平原地势低平、沼泽较多；东部的中西伯利亚高原和东西伯利亚山地地势较高。西亚的地形以高原为主，中部是美索不达米亚平原，东

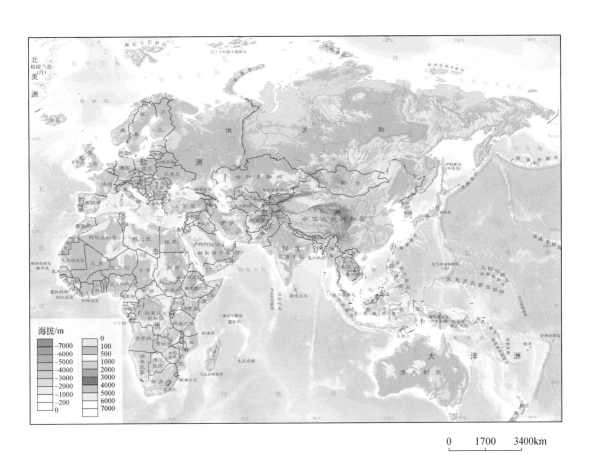

0　　　1700　　　3400km

图 2.2　研究区地形图

部是伊朗高原。

2）欧洲

欧洲地形以平原为主，冰川地貌分布较广，高山峻岭汇集在南部地区。海拔 200m 以上的高原、丘陵和山地约占总面积的 40%，海拔 200m 以下的平原占 60%。西欧和东欧地势较为平坦且多为平原；北欧的斯堪的纳维亚山脉海拔较高，总体地势比较低平；中欧地形从北到南呈阶梯状分布；南欧有巴尔干半岛、亚平宁半岛和伊比利亚半岛三大半岛，地形复杂。

3）非洲

非洲是高原大陆，整体地势比较平坦，山脉主要有阿特拉斯山脉、米通巴山脉和德拉肯斯山脉。其中，东南分布有埃塞俄比亚高原、东非高原和南非高原，称为高非洲；西北分布有低高原和盆地，称为低非洲。

4）大洋洲

大洋洲整体地势低缓，东西高、中部低。大陆西部是西澳高原，中部是沉降平原，东部是东澳山地，且在大陆东侧分布有大陆型岛屿和火山型岛屿。

2.1.2　气候水文

　　降水和气温作为灾害的重要孕灾因素和触发条件，主要受到区域气候水文环境影响（杨涛等，2016）。"一带一路"陆域大部分地区气温呈波动增加趋势，气候资源丰富，主要气候类型有：热带季风气候、热带雨林气候、热带草原气候、热带沙漠气候、地中海气候、温带沙漠气候、温带海洋性气候和温带大陆性气候。近年来，"一带一路"降雨在空间尺度上有不同程度的增加，同时降雨也能引发地质灾害（孔峰等，2018）。区域内中东亚、东南亚、南亚、西欧等地区的水资源丰富，其他地区水资源匮乏，各区域气候、水文情况如图 2.3、图 2.4 所示。

1. 亚洲

　　东亚是世界上季风气候最典型的地区，其特点是夏季炎热多雨、冬季温和湿润，降水的季节变化和年际变化大。东南亚地处热带，中南半岛大部分地区为热带季风气候，一年中有旱季和雨季之分。马来群岛大部分区域属热带雨林气候，终年高温多雨，分布

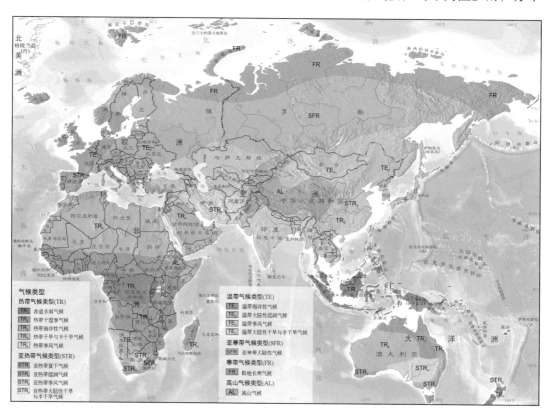

图 2.3　研究区气候分区图

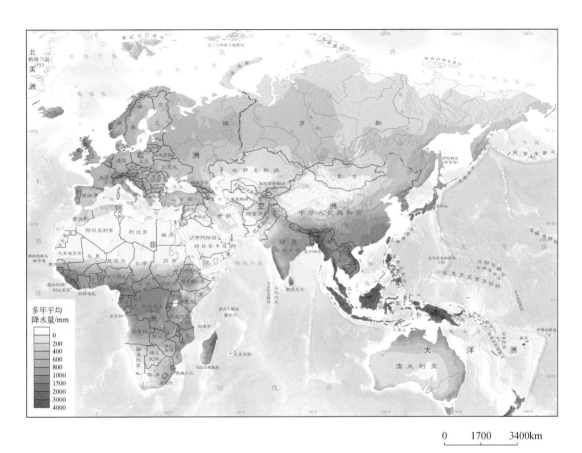

图 2.4 研究区多年平均降水量分布图

着茂密的热带雨林。南亚大部分地区位于赤道以北和 30°N 以南,大部分地区属热带季风气候。东南亚和南亚地区均受热带季风影响,水热条件良好。北亚地广人稀,纬度较高,太阳辐射较少,气候类型主要为极地长寒气候和亚寒带大陆性气候,冬季漫长。中亚、西亚是全球气候最为干燥的地区之一,水资源严重短缺、土地荒漠化严重、降水稀少。亚洲河流多发源于中部高山地带,呈放射状向四面奔流,主要大江大河有长江、黄河、湄公河、底格里斯河、幼发拉底河等;内流河主要分布于亚洲中西部干旱地区,有锡尔河、阿姆河、伊犁河、塔里木河、约旦河等;主要湖泊有里海、贝加尔湖、死海等。

2. 欧洲

欧洲主要位于中高纬度地区,受大西洋影响,欧洲大部分区域为温带海洋性气候,气候温和、降雨丰富、相对湿度高。同时也分布有地中海气候、温带大陆性气候、极地气候和高原山地气候等。降雨多集中在大西洋与地中海沿岸地区,欧洲大陆东部降雨量少、相对湿度低。欧洲气候湿润、河流水量丰富、湖泊众多,流经数国的大河有莱茵河、多瑙河、易北河、奥德河等;面积较大的湖泊有拉多加湖、奥涅加湖、维纳恩湖等。

3. 非洲

非洲有"热带大陆"之称，其气候特点是高温、少雨、干燥，气候带呈南北对称状分布，赤道横贯大陆中央，气温从赤道随纬度增加而降低。年平均气温在20℃以上的区域约占全洲面积95%。非洲降水量整体上从赤道向南北两侧逐渐减少，同时降水分布不均。其中，乞力马扎罗山虽位于赤道附近，但因海拔高，山顶终年积雪，致使赤道附近和几内亚湾沿岸是世界上降水量最丰富的地区之一，但南北回归线的两侧的沙漠区降水极少。非洲大陆东南向西北倾斜的地势特征决定其水系多流入大西洋和地中海。非洲的外流区域约占全洲面积的68.2%，流域面积超过100万km²的河流有刚果河、尼罗河、尼日尔河与赞比西河，尼罗河全长6671km，是世界上最长的河流。主要湖泊有塔纳湖和坦葛尼喀湖。

4. 大洋洲

大洋洲岛屿众多，气候差异明显、类型多样。大洋洲绝大部分地区处在南、北回归线之间，热带和亚热带气候最为常见。澳大利亚内陆地区属大陆性气候，其中东部和南部沿海湿润，属海洋性气候，北部为热带草原气候，南回归线附近的大陆中部和西部地区属于热带沙漠气候。大洋洲东部群岛部分降水量远远大于西部大陆地区，呈现自东向西逐渐减少的特点。大洋洲河流稀少，主要河流有墨累－达令河，主要湖泊有北艾尔湖。

2.1.3　土壤植被

"一带一路"地区土地覆盖类型多样，陆域生态系统类型主要包括森林、荒漠、草地、农田等，且分区植被生长情况各异（柳钦火等，2018）。其中各大区域土壤植被情况如图2.5、图2.6所示。

1. 亚洲

东亚农田、森林、草地和荒漠生态系统分布较为均衡，其中，中国东南部是季风区，发育着各种类型的中生性森林，自北而南随着温度递增，分布着寒温带针叶林带、温带针阔叶混交林带、暖温带落叶阔叶林带、亚热带常绿阔叶林带、热带季雨林和热带雨林带。东南亚生态系统主要有农田和森林，且以森林为主，农田主要分布在地势平坦土地肥沃的中南半岛三角洲地区，马来半岛和中南半岛的主要森林类型是热带雨林。南亚以农田生态类型为主，且南亚农田生态类型在亚洲区域中占比最高；南亚森林以亚热带阔叶林为主。中亚生态系统主要为荒漠、草地和农田。西亚生态系统以荒漠、农田、草地为主，农田多分布于河谷平原和沙漠中的绿洲地带。

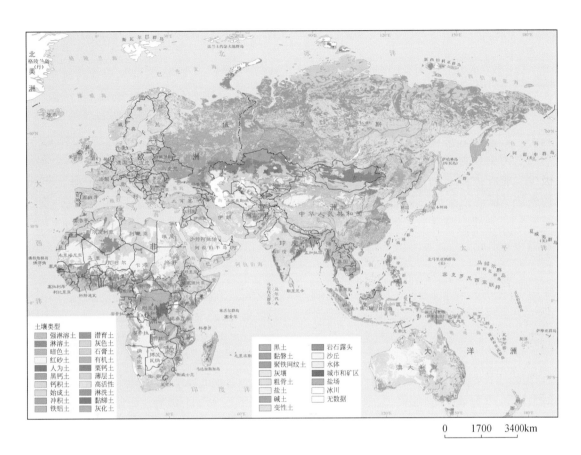

图 2.5　研究区土壤类型图

2. 欧洲

东欧森林以亚寒带针叶林为主，土壤多为灰化土；西欧和中欧森林以温带阔叶林为主，地中海沿岸分布有亚热带常绿硬叶林；南欧主要植被类型是亚热带常绿硬叶林；北欧植被类型有温带落叶阔叶林、亚寒带针叶林和苔原等。

3. 非洲

非洲大陆土壤类型分布如下：薄层土、栗钙土型棕钙土、黑钙土等多分布于苏丹西侧至尼日河中段；赤道气候地带分布有热带红砂土和砖红壤；北非的阿特拉斯山脉和南非的开普敦地区分布有地中海土壤。森林面积占非洲总面积的21%，主要分布在非洲刚果盆地、几内亚湾和马达加斯加岛等区域；非洲北部以荒漠和草地生态类型为主，非洲南部以森林生态系统为主。

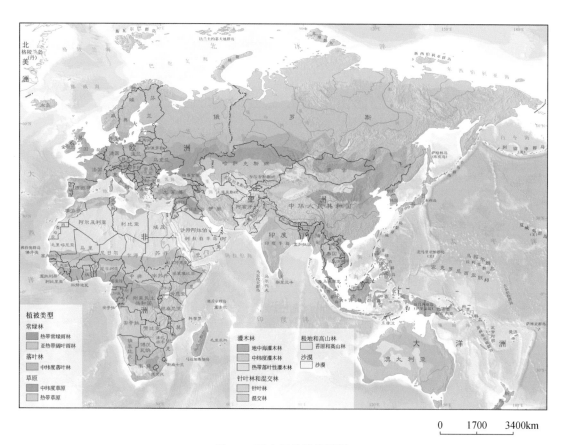

0　　1700　　3400km

图 2.6　研究区植被类型图

4. 大洋洲

大洋洲以热带和亚热带植被类型为主，有森林、草原和荒漠。其中，热带雨林主要分布在伊里安岛北部、澳大利亚东北部沿海和三大群岛，土壤类型以灰壤、红砂土为主；草原主要分布在澳大利亚大陆北部和东部，土壤类型以红壤和红棕壤为主；热带荒漠和亚热带荒漠主要分布在澳大利亚中部和 30°S 以南的澳大利亚湾沿岸，土壤主要为荒漠土（王皓年，1986）。

2.1.4　人类活动

人类社会是自然灾害的主要威胁对象，人类活动也直接或间接对灾害形成造成影响。研究人类活动不仅可以反映社会经济发展水平，也是自然灾害风险评估与管理中的重要环节。随着"一带一路"倡议的提出与实施，人类在横跨亚欧非大陆长距离、大规模的交流中愈加频繁，同时人类活动也对"一带一路"的建设和发展产生了巨大影响（陈发虎等，2017）。其中人类活动主要可以在土地利用、夜间灯光指数、人口和 GDP 等方面上体现。

1. 土地利用

土地利用从景观尺度上反映了人类对自然生态系统的影响方式及程度（史培军，1997），其中各大区域土地覆盖类型如图 2.7 所示。

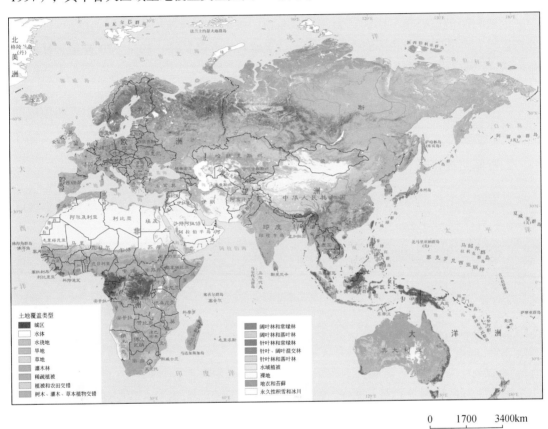

图 2.7　研究区土地覆盖类型

1）亚洲

东亚土地利用程度较高区域集中在东部，多为耕地和建筑用地，而西部由于地形限制，多为草地。东南亚土地利用程度较高，主要分布在中南半岛的中部和南部，以农耕和城市建筑为主，而森林分布区或海拔较高的地区土地利用程度较低。北亚 60°N 以北地区草地、森林集中，以森林开采和放牧为主；南部是俄罗斯农作物的主要种植区，土地利用程度最大。南亚南部土地利用程度较高，多为农田和城镇建筑；南亚中部、西部与北部的地区土地利用程度较低。中亚地广人稀，土地利用程度较低，其中土地利用程度较高的区域位于哈萨克斯坦北部，为农业生产集中区。西亚北部、地中海东岸、美索不达米亚平原、小亚细亚半岛等区域土地利用程度较高，主要为耕地。

2）欧洲

欧洲土地利用程度最高，主要为耕地和城镇建筑，其中北欧由于气候严寒、生态环境恶劣，土地利用程度较低。另外，部分南欧国家，以及阿尔卑斯山脉、亚平宁山脉、喀尔巴阡山脉、比利牛斯山脉、维纳亚山脉等地区，由于地形和自然条件的约束，土地利用程度也较低。

3）非洲

土地利用类型分布不均匀，农业用地面积比例偏小，建筑用地、交通用地、沙漠荒地占比较大。其中非洲北部农业相对发达，土地利用程度最高；20°～30°N地带沙漠分布广泛，土地利用程度极低。

4）大洋洲

地广人稀，多草地和耕地，澳大利亚的东南部和西南部草原地区采用小麦和牧羊的混合经营方式。

2. 夜间灯光指数

城市化水平与夜间灯光指数具有一定的相关性，灯光指数越高，代表城市繁华程度越高。研究区夜间灯光指数情况如图2.8所示。

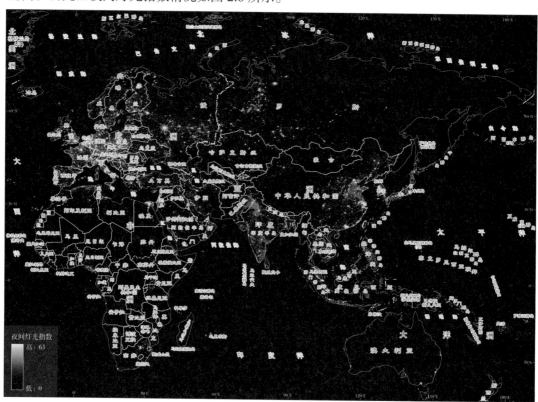

图 2.8　研究区夜间灯光指数

1）亚洲

东亚中国东部、朝鲜半岛及日本南部一带灯光指数最高；东南亚节点城市灯光指数较高；南亚印度灯光覆盖范围广，但灯光指数不高，主要是由于近年来南亚城市发展、扩张现象较为显著；中亚整体灯光指数较低；西亚灯光指数高于沿线城市的平均水平，伊朗、沙特阿拉伯、阿曼等国家灯光指数较高；北亚整体灯光指数较低。

2）欧洲

整体灯光明亮，由于欧洲城市经济发达，城市化水平很高，近年来夜间灯光指数变化不显著。

3）非洲

整个大陆灯光较暗，经济发展落后。

4）大洋洲

澳大利亚沿海区域灯光亮度值较高，发达城市多分布于东西部沿海地区，如悉尼、墨尔本、布里斯班等城市。

3. "一带一路"地区人口数量和GDP

"一带一路"地区人口和经济分布差异显著（图2.9、图2.10）。总体来看，

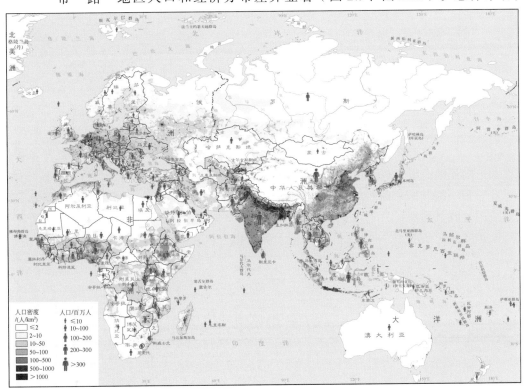

图 2.9　研究区人口分布图

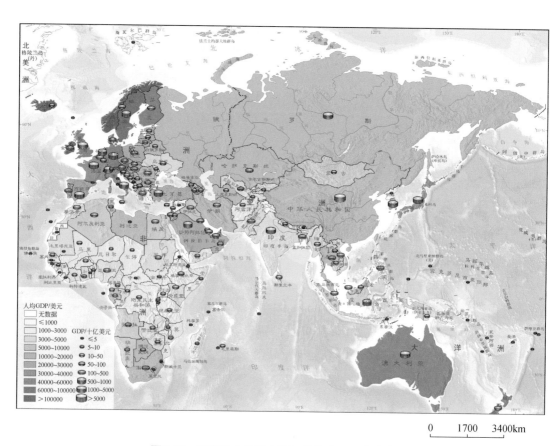

图 2.10　研究区人均国内生产总值（GDP）分布图

　　"一带一路"地区人口约占全球的 62.3%，GDP 总量约占全球的 31.2%（姜彤等，2018）。"一带一路"经过的中亚、西亚、东欧等地区人口密度低，仅为 26 人 /km²；南亚和东南亚则汇集了全球人口密度最大的国家。

　　"一带一路"国家的经济模式和发展阶段各不相同。大部分欧洲和东亚国家属于高收入或中等收入国家；由于西亚和北非地区丰富的能源储存，该区域人均 GDP 远超高收入国家基准线；东南亚、南亚地区经济总量大，但人口密集，人均 GDP 较低。

2.2　自然灾害时空分布

　　"一带一路"地貌整体以山地、盆地和高原为主，陆路区域跨越了亚热带、温带、寒温带和寒带等多个气候带，分布森林、荒漠、草原等地理景观。区域地形地质条件复杂，灾害频发、分布广泛。从区内来看，中蒙俄经济走廊、新亚欧大陆桥经济走廊、中国－中亚－西亚经济走廊、中国－中南半岛经济走廊、中巴经济走廊和孟中印缅经济走廊均受地震灾害的影响；中国－中亚－西亚、中国－中南半岛、中巴和孟中印缅等经济走廊主要受旱涝灾害的影响；中国－中南半岛、中巴和孟中印缅等经济走廊主要受地质灾害的影响；孟加拉湾等印度洋周边地区、地中海沿岸国家主要受地震海啸、风暴潮等海洋灾害的影响（图 2.11）。

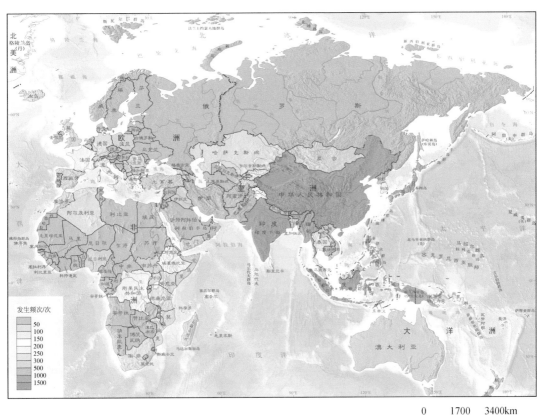

图 2.11　研究区重大自然灾害发生频次空间分布

2.2.1　地震

地震是由于板块之间相互摩擦、挤压时造成板块内部产生错动和破裂并释放能量造成的，主要的破坏形式为地表震动。地震灾害是"一带一路"地区大多数国家面临的重要挑战之一，每年造成重大损失与人员伤亡，影响社会经济可持续发展。"一带一路"地区横贯欧亚板块与印度板块、非洲板块等相互作用交汇部位及其临近地带，区内地壳－上地幔结构地域性差异明显，导致构造变形复杂、大地震频发。其中，"丝绸之路经济带"与欧亚地震带走向基本重合，曾发生过 1906 年北天山玛纳斯 8 级地震、1911 年阿拉木图

8级地震、1920年宁夏海原8.5级地震、1948年土库曼阿什哈巴特7.8级地震等巨大地震。"21世纪海上丝绸之路"跨越了印度板块与欧亚板块俯冲带、阿拉伯板块、欧亚板块与非洲板块碰撞带等板块边界带，发生过2004年印度洋9.0级大地震并引发大海啸。由于区域内各国经济发展水平多数处于欠发达水平，防灾减灾基础薄弱，地震灾害一旦发生，往往对当地经济社会造成严重影响。

1. 空间分布

1）"一带一路"地区7级以上强震分布特征

"一带一路"地区强震分布是研究该地区地震灾害和地震风险的重要数据基础。统计结果显示，"一带一路"地区的M_W 7.0～7.9级地震发生率为7.46次/a，Benioff应变年均释放量约为2.91亿J[1]，占全球7级浅源地震释放量的66.73%。M_W 8.0级及以上地震的发生率为0.40次/a，Benioff应变年均释放量约为3.71亿J[1]，占全球8级浅源地震释放量的63.35%。受到块体边界带，以及陆内地壳变形区的构造约束，"一带一路"地区的7级浅源地震在陆地上主要分布在与欧亚地震带基本重合的"丝绸之路经济带"沿线，在海域内主要沿西太平洋地震带的板块俯冲边界，对印度尼西亚和日本等国家影响较大（图2.12）。

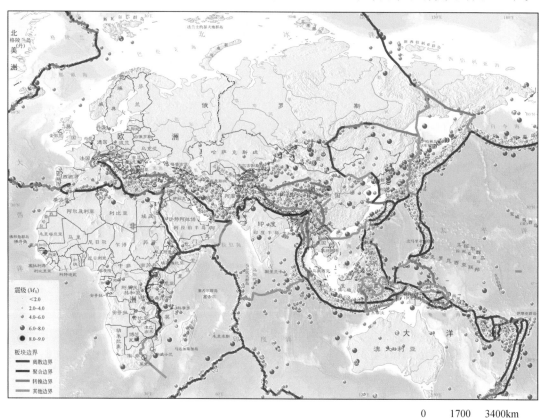

图 2.12　研究区1900年以来的地震空间分布图

2）"一带一路"地区中等地震分布特征

基于美国国家地震信息中心（National Earthquake Information Center，NEIC）1973 年以来的全球地震目录，"一带一路"地区 $M_W \geqslant 4.5$ 级地震与 7 级以上强震分布明显不同的是，陆上 $M_W \geqslant 4.5$ 级地震分布在喜马拉雅陆 - 陆碰撞边界带、东非大陆裂谷，以及欧亚地震带沿线的大型断裂带上，地震发生率较高的国家包括中国、伊朗、巴基斯坦、蒙古、日本、印度尼西亚等。海域地震广泛分布在区域内的各类板块转换断层和俯冲边界带上。这些地震清晰勾勒出了区域内的板块边界带、陆内构造变形带的几何特征，从而表明板块边界带和陆内构造变形带对地震发生有明显控制作用（图 2.12）。

3）"一带一路"致灾型地震分布特征

据中国地震台网中心统计，1900 年以来该地区造成死亡人数 1000 人以上的地震共计 118 次，其中，死亡人数 1000～5000 人的地震 76 次；死亡人数 5000 人至 1 万人的地震 14 次；死亡人数 1 万～5 万人的地震 20 次，死亡人数达到 5 万以上的地震 8 次，其间重大地震灾害事件总结见表 2.1。

表 2.1　"一带一路"地区部分重大地震灾害事件

年份	地点	震级	伤亡人数 / 人
1908	意大利西西里岛	7.2	82220
1920	中国海原	8.5	200000
1935	巴基斯坦奎达	8.1	60000
1976	中国唐山	7.8	242000
2004	印度尼西亚苏门答腊	9.0	227898
2005	巴基斯坦穆扎法拉巴德	7.8	73000
2008	中国汶川	8.0	87652
2015	尼泊尔戈尔卡（Gorkha）	8.1	8786

由于部分地区经济社会发展水平低、防灾减灾救灾基础薄弱，一些低震级事件有时都可造成巨大人员伤亡。例如，1998 年 2 月 4 日阿富汗罗斯塔奇 M_W 5.9 级地震造成 2323 人死亡，2002 年 1 月 17 日的非洲刚果戈马 M_W 4.7 级地震造成 1001 人死亡。对死亡人数 1000 人以上地震的统计结果显示，"一带一路"地区的地震死亡人数占全世界同时期地震死亡人数总和的 80.76%，年平均死亡人数约为 1.5 万人，地震死亡人口占全球的比例远高于自然人口总量的比例。

2. 灾害特征

"一带一路"地区地震活动受构造控制，将全球应变率图和平滑地震活动模型按权重混合，构建 GEAR1 预测模型（Bird *et al.*，2015）。2014～2022 年的全球 $M_W \geqslant 5.8$

级和 $M_W \geqslant 8.0$ 级地震发生率的预测结果显示，"一带一路"地区 $M_W \geqslant 5.8$ 级地震总体的发生率约为 117 次 /a，以板内地震为主。横跨地中海 - 中国西部的欧亚地震带以及印度洋板块 - 非洲板块 - 南极洲板块的边界带地区地震时空发生率为 $10^{-7} \sim 10^{-5.5}$ 次 /（km^2·a），远低于以板间地震为主的西太平洋地震带的 $10^{-5.7} \sim 10^{-3.8}$ 次 /（km^2·a），地震时空发生率最高点位于日本东部近海海域。$M_W \geqslant 8.0$ 级地震总体的发生率约为 0.61 次 /a，地震危险性较高的区域更集中在欧亚地震带和西太平洋地震带，两区域的地震时空发生率分别为 $10^{-9.5} \sim 10^{-8.1}$ 次 /（km^2·a）以及 $10^{-7.5} \sim 10^{-5.9}$ 次 /（km^2·a）。

在"一带一路"地区的强震时间演化规律和趋势分析上，考察强震 Benioff 应变释放的周期特征，分别对"一带一路"地区 1900 ～ 2018 年的 $M_W \geqslant 7.0$ 级浅源（深度 < 70km）和深源地震（深度 > 70km）进行累积 Benioff 应变（cumulative Benioff strain，CBS）及其对线性拟合的偏离分析（图 2.13）。结果显示，浅源地震的累积 Benioff 应变存在 40 年左右的周期性释放特征，而深源地震则无明显的周期性。当前"一带一路"地区处于 1980 年开始的 Benioff 应变释放周期结束和新的释放周期开始的过渡时期，作为周期性释放的外推，"一带一路"地区在未来 20 年（半周期，2020 ～ 2040 年）将可能迎来 Benioff 应变释放逐渐增强，即 $M_W \geqslant 7.0$ 级浅源强震频次或震级增加的过程。

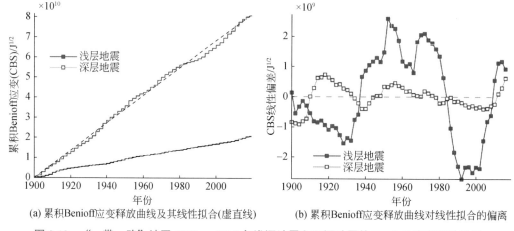

图 2.13　"一带一路"地区 1900 ～ 2018 年浅源地震和深源地震的 Benioff 应变释放特征

3. 典型案例：尼泊尔戈尔卡（Gorkha）地震

2015 年 4 月 25 日下午 14 时 11 分，在尼泊尔戈尔卡（Gorkha）发生了 8.1 级地震，造成 8790 人死亡，22300 人受伤，498852 间私宅和 2656 间政府房屋倒塌，256697 间私宅和 3622 间政府房屋受损[①]（图 2.14）。除此之外，中小学校舍倒塌 19000 间、受损 11000 间，医院受损 1197 间，受损文化遗迹 743 处（NRA，2017；DOA，2015）。

① Ministry of Home Affairs (MOHA). 2015. The 2015 earthquake-one month report (in Nepali). Ministry of Home Affairs (MOHA), Government of Nepal, Kathmandu.

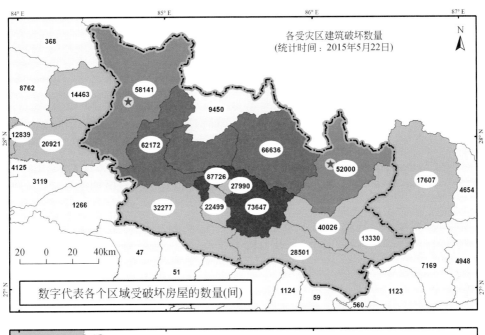

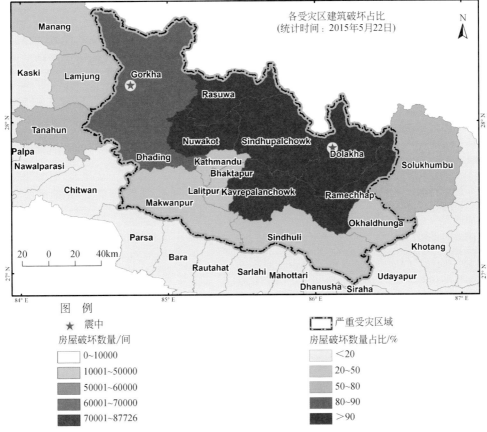

图 2.14 尼泊尔戈尔卡地震建筑物损失图

本次地震震中烈度为Ⅸ度，震源深度为20km，造成中国、尼泊尔、印度、孟加拉等多国受灾，导致尼泊尔境内及中国西藏日喀则地区建筑物大面积倒塌。本次地震在造成近350万人受灾的同时，还造成90余万座建筑物受损，直接经济损失达199.21亿美元，约占尼泊尔GDP的50%，对尼泊尔经济发展造成了巨大的影响。

此外，尼泊尔加德满都、帕坦和巴德岗的杜巴广场砖木结构建筑的受损情况严重。由于尼泊尔丰富的文化遗产建筑多为砖木结构与砖石结构，抗震防灾能力较低，严重破坏与毁坏的建筑比例达44.23%。因此此次灾害中文化遗产建筑的损毁价值大于居民建筑。

灾害发生后，尼泊尔政府快速启动灾后重建与恢复工作，同时全球60多个国家对其进行援助，帮助其完成重建，包括18亿美元救助资金以及多种救援物资等。截止到2019年，已有约31万间倒塌建筑重建完毕。尼泊尔的政府按照业主驱动的方式开始重建，其中包括住房和城乡建设局提供的住房重建款。对于部分受损并有可能进行翻修的房屋，也提供翻修款。每个房屋评估的详细信息都是从受地震影响的地区收集，而房屋质量的检查由国家地质调查局部署的技术人员进行。

2.2.2　地质灾害

地质灾害是由地质内动力和外动力耦合带来环境突然变化导致的能量释放、物质运移等现象，包括滑坡、崩塌、泥石流、地面塌陷等。"一带一路"地区地质灾害种类多、分布广、频次高、强度大、灾情严重，是全球地质灾害发生最频繁、损失最严重的地区之一（Nadim *et al.*，2006；Petley，2012；高中华，2015）。同时，地质灾害也是"一带一路"地区民生以及重大工程建设与运营过程中面临的最大问题和挑战（崔鹏等，2018）。

1. 空间分布

据EM-DAT统计，2003～2018年，"一带一路"地区共发生7732起地质灾害（以滑坡和崩塌为主）。其中，特大规模及灾害性事件87起、大规模636起、中等规模4652起、小规模2357起，"一带一路"地质灾害具有区域分布不均，局部异常强烈和群发性等分布特征（图2.15）。

从国家层面来看，南亚地区的印度、尼泊尔、巴基斯坦，东亚地区的中国、日本、东南亚的缅甸、菲律宾、印度尼西亚、马来西亚、越南等国家地质灾害发生频次明显高于其他国家和地区。"一带一路"地区的中巴和孟中印缅等经济走廊也是地质灾害的高发区域（崔鹏等，2018）。以中巴经济走廊为例，仅连接中国新疆喀什到巴基斯坦北部城市特科特全长1036km（喀喇昆仑公路，KKH）路段分布着灾害性崩塌滑坡56处、泥石流155条、雪崩21处、大型堰塞湖2处（Atabad滑坡堰塞湖和帕苏冰碛堰塞湖）以及10条大型冰川（朱颖彦等，2014）。地质灾害发生频次较低的国家主要包括蒙古、哈萨克斯坦、乌兹别克斯坦、土库曼斯坦等中亚国家，以及叙利亚、苏丹、乍得、尼日尔等非洲北部国家。从区域来看，南亚、东南亚和东亚地区地质灾害频次占"一带一路"国

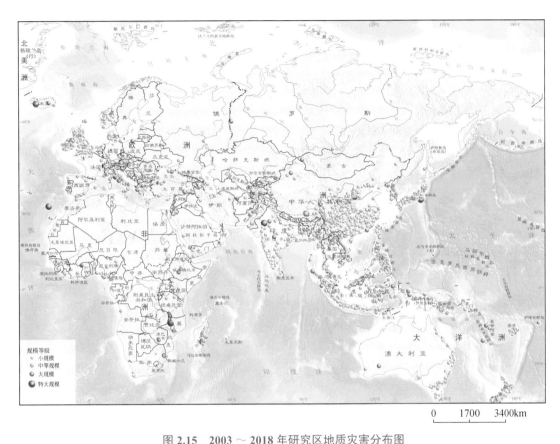

图 2.15 2003 ～ 2018 年研究区地质灾害分布图

数据来源：美国国家航空航天局（National Aeronautics and Space Administration，NASA）

家和地区地质灾害总频次的 67.9%，地质灾害规模以中等规模和小规模为主。这些区域不仅地质灾害发生频次显著高于其他区域，同时造成的人员伤亡数量也远远高于其他区域。

2. 灾害趋势

1）"一带一路"地质灾害类型和诱发因素

"一带一路"地质灾害以滑坡（82.6%）和崩塌（9.9%）为主要类型，其余类型的地质灾害，如泥石流、河岸坍塌、火山泥流、雪崩等发生频次占比仅为 7.5%。地质灾害诱发因素以暴雨（50.3%）、降水（22%）、热带气旋（7.3%）和连阴雨（7%）为主，降水在地质灾害的发生中发挥着极为重要的作用。其他诱发因素，如季风、采矿、地震、融雪、施工、洪水等导致的地质灾害频次占比仅为 6.2%。总的来说，因降水诱发的滑坡灾害是"一带一路"最主要和最值得关注的地质灾害类型。

2）地质灾害频次和人员死亡数量年际变化特征

2007 ～ 2015 年，依照突发事件数据库（EM-DAT）统计（统计标准见附录一），"一带一路"地质灾害共统计发生 4920 次，年均地质灾害发生频次为 703 次。共计造成

23514人死亡，3244人受伤，年均造成人员伤亡3822人次。地质灾害发生频次大致呈现出不规律的波动上升的趋势，地质灾害造成的人员伤亡数量呈现出随着地质灾害频次的增加而增加的趋势。其中地质灾害发生频次最高的年份是2010年，共计916起。研究表明，2010年为厄尔尼诺现象活跃年份，因此带来大量的降水和极端天气事件，导致地质灾害事件特别是滑坡数量的明显增加（Kirschbaum *et al.*，2012）。

3）地质灾害频次和人员伤亡数量多年平均月际变化特征

滑坡是"一带一路"主要地质灾害类型，其主要的诱发因素是降水，这导致"一带一路"地质灾害集中发生在夏季和秋季，特别是6～9月雨水充足的时间段；春季和冬季地质灾害发生频次相对较低。相应的，因地质灾害造成的人员伤亡数量也集中分布在6月和8月。高频次地质灾害的发生必然导致更多的人员伤亡，特别是某些大型的、灾难性的滑坡事件，如印度凯达纳特（Kedarnath）滑坡，这也导致6月因地质灾害造成死亡数量明显高于其他月份。

"一带一路"地区地质地貌特征复杂多变，为各类地质灾害的发生提供了有利的孕灾环境，特别是南亚、东南亚、中巴经济走廊沿线、孟中印缅经济走廊等区域，是"一带一路"地质灾害发生频次最为频繁的区域。联合国政府间气候变化专门委员会（International Panel on Climate Change，IPCC）第5次评估报告指出1800～2012年，全球海陆表面平均温度呈线性上升趋势，升高了0.85℃。受此影响，各种极端天气气候事件频发，因此诱发的地质灾害事件也相应迅速上升（Chen *et al.*，2007；崔鹏和苏凤环，2016；崔鹏等，2018a，2018b；郭华东和肖函，2016；裴艳茜等，2018a，2018b）。统计结果表明，滑坡是"一带一路"最主要的地质灾害，作为主要诱发因素的降水，特别是暴雨事件受全球极端天气气候影响显著，随着全球范围内极端天气事件发生频次的增加，滑坡的发生频次也会相应地增加。此外，人类活动也对地质灾害的发生有着直接或间接的影响，如一些基础设施与大型水利水电工程的建设等。因此，"一带一路"地区在现阶段与未来很长时期内都面临着严峻的地质灾害问题。

3. 典型案例：巴基斯坦阿塔巴德（Attabad）滑坡－堰塞湖

2010年1月4日上午11:30，巴基斯坦北部洪扎河（Hunza River）河谷喀喇昆仑公路（KKH）对岸的北方地区洪扎县阿塔巴德村发生大规模滑坡（图2.16）。高速运行的滑坡碎屑掩埋了部分阿塔巴德村庄和KKH，造成重大人员伤亡。同时，大量的滑坡堆积体进入洪扎河谷形成堰塞湖，导致滑坡上游村庄道路淹没，交通路线中断。

阿塔巴德滑坡在平面上略呈扇形，剪出口位置在河床附近，后缘位于现代洪扎河谷谷肩附近，前缘剪出口海拔为2310m左右，后缘最高海拔3076m，相对高差超过700m，平均地形坡度为34°。此次特大型的滑坡总体积约2000万m³，主滑体均长约600m，宽约400m，厚度为55～65m，体积约1500万m³，滑动距离较远，滑坡前部越过河床直抵对岸，并反卷堆积于原河床中部及左侧；右侧滑块为次级滑块，均长约400m，均宽约300m，厚度为30～40m，体积约420万m³。滑坡堆积体堵塞洪扎河谷形成堰塞坝，其中部垭口高程为 2416.5m。

根据堰塞湖下游 88.6km 洪扎河水文站观测资料统计分析，洪扎河上游年来水量分配很不均匀，主要集中在 6～9 月的雨季，占全年的 80% 以上；3～4 月进入枯季，上游来水量仅占全年来水量的 20% 左右，枯水期流量为 20～30m³/s。此后随着气温回升和降水增加，上游来水逐渐增大，6 月上游来水量为 140m³/s，7 月达到 280m³/s，9 月以后随着气温降低和降水减少，流量逐渐减小（图 2.17）。

根据巴基斯坦国家灾难管理局（National Disaster Management Authority，NDMA）统计，至 5 月 14 日，滑坡及堰塞湖摧毁、淹没房屋 88 座，造成 80 座房屋部分破坏、1 所学校完全被毁、20 人遇难和失踪、8 人受伤、300 口牲畜死亡，安置受灾居民 1325 人，滑坡破坏和掩埋喀喇昆仑公路 3000m。

图 2.16　滑坡正视图

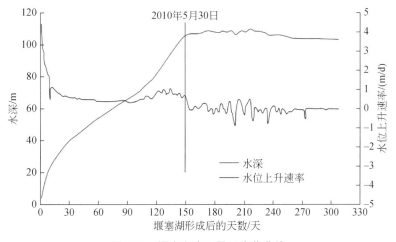

图 2.17　堰塞湖水深及日变化曲线

喀喇昆仑公路的淹没，使得连接 Gulmit、Shishkat 和 Hunza 唯一路线被破坏，交通运输方式由车辆改为船舶，加大了货物运输成本，约 25000 名居民的生活受到影响。湖岸边松散堆积物受上涨的湖水侵蚀，局部失稳移动，给来往通行的人和车辆造成严重的威胁，限制交通运输效率（Iqbal et al.，2014）。随着堰塞湖水位在 2010 年 5 月 29 日达到最高点并漫过堰塞坝，贸易逐渐恢复，但贸易额也只是恢复到了灾害前的 1/4。随着交通的阻塞，使得上游两万多居民生活成本增加，主要支柱产业受到严重打击，许多耕地荒废。虽然堰塞湖导致当地船运行业不断兴起，为当地居民带来了新的就业方式，但船运货源的分配也给当地政府部门带来了很大的困扰（Sökefeld，2015）。

灾害发生后中巴两国政府高度重视，为了减少堰塞坝溃决的风险，2012 年边疆工作组织在堰塞坝侧面开挖溢洪道降低水位，最终成功将堰塞湖转变为美丽的高山湖泊，广受游客青睐（图 2.18）。同年 6 月，在对灾害进行全面的野外考察、风险评估后，于 2015 年恢复了中巴两国交通运输。

图 2.18　美丽的阿塔巴德湖

2.2.3　干旱灾害

干旱通常指淡水总量少，不能满足人的生存和经济发展的气候现象。世界气象组织将干旱划分为 6 种类型：气象干旱、气候干旱、大气干旱、农业干旱、水文干旱和用水管理干旱。由干旱导致饮用水不足和粮食减产的灾害，具有影响面积大、涉及范围广、涉及人口多、持续时间长、地域性和潜伏性强的特点，通常称为干旱灾害。干旱会对人类健康（Patz，2005）、社会经济（Ding et al.，2011）、生态系统功能（van Dijk et al.，2013）、水资源供给（Zhang et al.，2015）等造成严重影响。针对全球和地方的干旱监测存在大量相关研究。以全球为例，Sheffield 等（2012）认为干旱在过去 60 年变化不大；然而，Dai（2013）认为受全球变暖影响，全球干旱正逐步增多；Trenberth 等（2014）总结干旱频次差异与所使用的干旱指数有关。干旱灾害直接或间接影响到社会经济发展并威胁人类赖以生存的自然环境。据统计，全球每年因干旱造成的经济损失高达 60 亿～80 亿美元（Keyantash and Dracup，2002）。在"一带一路"地区，Guo 等（2018a，2018b）基于游程理论和三维聚类算法探究了近 50 余年亚洲中部干旱区气象干旱时空特征；Dubovyk 等（2019）研究表明 2000 年以来超 50% 的哈萨克斯坦国土受到干旱的影响；Sun 和 Liu（2019）基于树轮数据探究了丝绸之路东段的干旱变化，并发现该地区干旱变化与厄尔尼诺现象和西太平洋暖流存在相位关系。因此，大面积、及时、准确的干旱灾害监测及干旱发生程度的评估，对于各级单位了解旱情及分布并采取有效的防旱、抗旱措施，科学指导农业生产和减灾事宜，最大限度地降低干旱造成的损失具有重要意义。

本节以标准化降水蒸散指数作为干旱指数，利用游程理论识别干旱事件并计算干旱频次。基于干旱频次空间分布分析与干旱空间特征分析，结合干旱面积分析其事件变化趋势，进而为"一带一路"相关国家和地区提供有效的干旱科学信息和依据。

1. 空间分布

基于全球月尺度 CRU TS4.01 产品的标准化降水蒸散指数（standardized precipitation evapotranspiration index，SPEI），以及考虑降水和温度（蒸散发）的水量平衡能够反映全球气候变化对干旱事件的影响（Vicente-Serrano *et al.*，2010）。当 SPEI 小于 0、最小值小于 −1 且持续 3 个月以上时则定义为一次干旱事件。干旱频率反映气象干旱事件的发生次数。

从图 2.19 可以看出，1961～2016 年干旱频次范围为 0～22 次，"一带一路"所涉及的国家干旱频次较高，其中以东南亚越南、老挝、柬埔寨、泰国等湄公河流域国家干旱频次偏高，中国华北地区、东南地区及河西走廊地区，亚洲塔吉克斯坦和吉尔吉斯斯坦及印度等地区的干旱频次均高于整体平均水平；非洲中部、撒哈拉沙漠和俄罗斯西伯利亚地区干旱频次相对较低。

2. 灾害趋势

在全球气候变化背景下，温度持续升高，全球水资源供需逐步发生变化（Gessner *et al.*，2013）。根据 1961～2016 年 SPEI 分类（表 2.2），将干旱分为轻微干旱、中度干旱、重度干旱和极端干旱 4 类。依据此分类，分析"一带一路"地区不同干旱类别的干旱面积变化，结果发现，所有类别干旱面积的总面积在 40%～60% 波动。其中，轻微干旱面积占总面积比重最高，为 35%～40%；从轻微干旱到极端干旱面积比例依次递减，极端干旱面积仅占总面积的 2% 多。干旱面积变化趋势的分析表明，1961～2016 年"一带一路"不同类别干旱面积变化基本稳定，但略有上升迹象。其中，极端干旱存在的上升迹象相对明显，轻微干旱其次，中度干旱和重度干旱的上升趋势则最小。

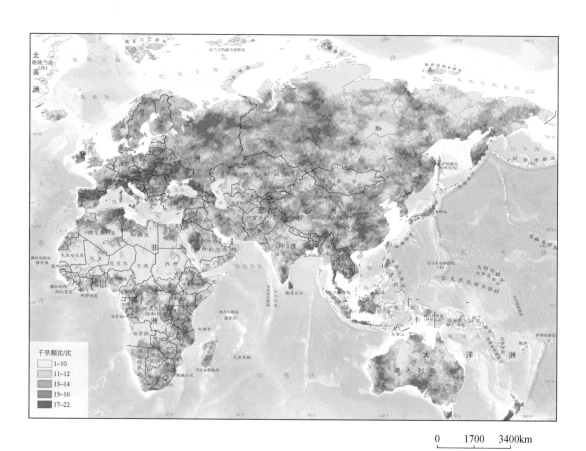

图 2.19　1961～2016 年研究区干旱频次空间分布图

表 2.2　SPEI 分类

SPEI 范围	干旱种类	发生概率 /%
0＜SPEI＜-1	轻微干旱	34.1
-1.0＜SPEI＜-1.49	中度干旱	9.2
-1.5＜SPEI＜-1.99	重度干旱	4.4
SPEI＜-2.0	极端干旱	2.3

　　然而，在区域尺度上，不同等级干旱可能存在不同程度的趋势变化。例如，同属中亚国家的哈萨克斯坦与土库曼斯坦在近 50 余年间的干旱面积变化呈现相反的趋势，哈萨克斯坦不同种类的干旱面积均处于整体下降趋势，而土库曼斯坦干旱面积均呈现上升趋势。

3. 典型案例：哈萨克斯坦干旱

中亚地区是亚欧大陆的"心脏地带"，哈萨克斯坦是"中亚五国"面积最广袤、经济体量最大、发展水平最高、综合国力最强的中亚国家，是"一带一路"地区的首倡之地。哈萨克斯坦属大陆性气候，北部的自然条件与俄罗斯中部及英国南部相似，南部的自然条件与外高加索及南欧的地中海沿岸国家相似。哈萨克斯坦的半荒漠和荒漠大多都在西南部，北部自然环境类似俄罗斯，较为湿润，北部和里海地区均可接受来自海洋的水汽。

干旱是哈萨克斯坦常见的自然灾害之一。近半个世纪以来哈萨克斯坦地区经历的干旱事件呈现较高频次，对哈萨克斯坦的农业造成了严重影响。干旱还加速了哈萨克斯坦植被和土地退化，破坏了当地的生态环境，如冰川退化、降水、温度等气候变化。干旱导致的植被、森林和草地退化严重，已经成为制约哈萨克斯坦畜牧业持续发展及生态环境改善的重要因素。

1974～1978 年，哈萨克斯坦（1991 年 12 月 16 日前为苏联加盟共和国之一，哈萨克苏维埃社会主义共和国）经历近 70 年来最严重的一次干旱事件，历时高达 51 个月。此次干旱事件中，全境干旱均较为严重，其中哈萨克斯坦的中部地区受灾较为严重，而巴尔喀什湖北部及其周边地区受灾最为严重（图 2.20）。

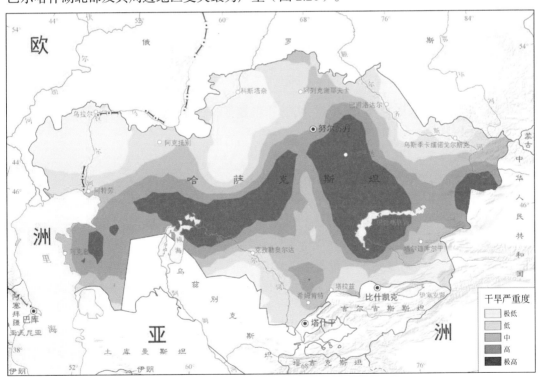

图 2.20　1974～1978 年哈萨克斯坦严重干旱事件空间分布图

从此次干旱事件，干旱面积及干旱指数（标准化降水蒸散指数，SPEI）时间分布情况可以看出，干旱在 1974 年 2 月至 1975 年 2 月经历初步增长期，期间干旱面积达到 90% 左右，中度以上干旱面积和重度以上干旱面积最高分别达到 60% 和 35% 左右，而极端干旱面积峰值约为 20%。在 1975 年 3 月经历短暂的低谷期，不同级别干旱面积均有所下降，SPEI 回升至 −0.6 左右，而后在 1975 年 5 ～ 8 月干旱面积迅速增高并持续至 1976 年 8 月，干旱面积高达 100%，其中，中度以上干旱面积达 90% 左右，重度以上干旱面积达 80% 左右。峰值期间极端干旱面积波动相对较大，面积比例在 15% ～ 50%，在 1975 年年底和 1976 年年初稍显缓。1976 年 9 月至 1977 年 3 月，干旱明显缓解。但在 1977 年 4 ～ 12 月不同级别干旱面积均呈现波动上升，干旱再次加重。最终于 1978 年 2 ～ 4 月 SPEI 回升至正常水平，干旱消退。

此次干旱事件给哈萨克斯坦带来了巨大的经济损失，严重地阻碍了当地经济社会的发展。联合国在 2012 年公布的数据显示，在哈萨克斯坦 2.72 亿 hm² 的国土中，1.79 亿 hm² 的土地受到干旱事件的严重影响，占总面积的 66%。同时干旱导致的牧场退化所造成的损失达 9.63 亿美元，干旱引起的土地盐碱化所导致的耕地流失造成的经济损失达 7.79 亿元。在干旱事件的驱动下，大量的植被和土地发生了退化，间接造成的经济损失更大。干旱的发生会降低农作物产量，影响粮食安全。粮食产量的减少给哈萨克斯坦人口带来了巨大的生存压力。此外干旱造成的大范围的植被退化，直接破坏了当地的生态环境，造成草场退化、畜牧业无法发展、牧民无法进行放牧，严重影响了牧民的生活。干旱引起沙尘暴，沙尘逐渐侵占当地居民的居住地，大量的农田与乡村被淹没，不少居民不得不长期迁徙寻找新的居住地，给当地居民的生活带来了极为恶劣的影响，也在一定程度上造成了社会的动荡。

2.2.4 洪水灾害

洪水灾害是一种突发性强、分布广、造成损失较严重的自然灾害（杨佩国等，2013），其形成主要受气候、下垫面等自然因素与人类活动因素的影响（刘世强，2019）。洪水一般由暴雨、冰雪急骤融化、风暴潮和水库垮坝等因素引发，可分为河流洪水、湖泊洪水和风暴潮洪水等，其中河流洪水最为常见，根据成因的不同，又可分为暴雨洪水、溪沟山洪、融雪洪水、冰凌洪水和溃坝洪水等（周成虎等，2000）。洪水灾害的暴发时常会引发山体滑坡、泥石流等次生灾害，造成更为严重的人员伤亡和经济损失（黄建平等，2014）。联合国报告曾指出：在过去几十年中，随着人口增加和经济发展，洪水风险增加了 35%（Hayes *et al.*，2011）。因此，对洪水灾害的时空分布特性、发生机制与演变趋势的研究是十分必要的。

1. 空间分布

从"一带一路"地区洪水发生频次图（图 2.21）可以看出，"一带一路"地区洪水发生频次呈现出明显的空间差异。总体上，"一带一路"地区洪水发生频次呈现"东部多于西部，南部多于北部"的特点。特别地，中国西南部、英国南部、印度北部、澳大利亚东部、英国东南部等地区均是洪灾高发区，1985～2017 年，发生特大洪水的次数均超过了 50 次，这些区域特大洪水高发原因与极端降水或高山融雪融冰引发洪水有关；印度南部、中国的黄河流域、越南及非洲部分地区次之，特大洪水发生频次为 10～50 次；而北欧、中亚、蒙古、俄罗斯西部，以及非洲撒哈拉沙漠地区是洪水发生的低发区，1985～2017 年特大洪水发生频次不足 5 次，这些区域多为降水稀少或年均温度较低的区域，发生洪水的概率相对较低。

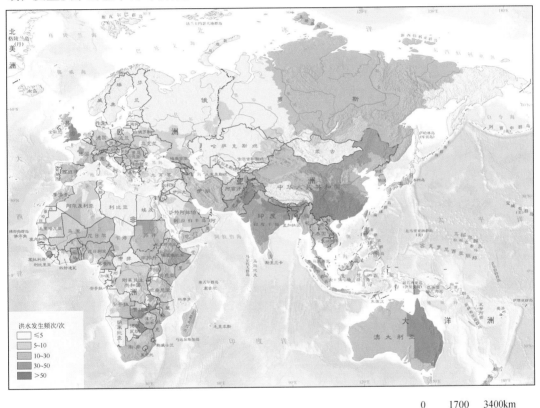

图 2.21　1985～2017 年研究区洪水发生频次图

2. 灾害趋势

从特大洪水发生次数变化趋势图可以看出（图 2.22），1985～2017 年，"一带一路"地区洪水呈现"先增加后减少"的变化趋势。1985～2002 年，"一带一路"地区洪水呈现明显的增加趋势，增加速率为 34.3 次 /10a。该时段"一带一路"地区降水整体呈现增加趋势（Newman，2017），极端降水及极端温度事件频发（Donat *et al.*，2016）。极端降水事件的增加导致洪水发生频次明显增加，而温度的升高会导致融雪融冰量增加，进而使得融雪融冰型洪水频次明显增加。2003～2017 年，"一带一路"地区洪水转而呈减少趋势，减少速率为 49.6 次 /10a。Cui 等（2017）研究也表明，在 2003 年左右，"一带一路"地区自然灾害发生频次出现一个明显的下降趋势。有相关研究报道自 2000 年后，全球升温趋缓，这可能大大减少了因持续快速升温而引发的融冰融雪型洪水灾害（谭显春等，2017）。

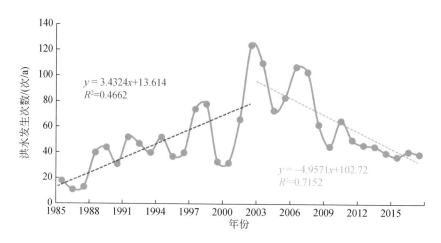

图 2.22　1985～2017 年"一带一路"地区特大洪水发生次数变化趋势图

3. 典型案例：泰国洪水

2011 年 7 月底起，长时间强降水导致越南南部、柬埔寨、泰国南部等地区遭受了 20 年一遇的洪水灾害。其中，泰国湄南河洪水造成近 160 万 hm² 面积受灾，近 200 万人受洪水影响，各地临时安置点内灾民人数超过 11 万，至少 400 多人在持续的洪水灾害中死亡。从气象条件上来说，这次洪水主要受 3 个因素影响：一是 2011 年北方下来的冷空气比较活跃；二是当年西南季风非常旺盛；三是热带气旋较多，进一步增强了降水。这 3 个因素的叠加导致了长时间且高强度的降水。本次特大洪水灾害共造成泰国全国 77 个府中 65 个府受灾，数百人死亡，经济损失严重，其中南部地区 20 多个府受灾最为严重，特别是首都曼谷及周边地区遭受重大损失。从洪水风险等级示意图可以看出，曼谷中心城区由于防洪设施的保护，洪水风险等级呈现较低状态，而中心城区四周则风险呈现中度等级，离中心城区越远风险等级呈现越高的趋势。洪水流动方向沿河道及中心城区向左右两侧扩散，最终流向泰国湾（图 2.23）。

本次洪灾有 3 个方面的特点：一是持续时间长，从 2011 年 7 月底泰国中部地区出现洪水算起，这场洪灾一直持续到 2011 年年底；二是受灾面积大，泰国全国绝大多数地区都受到洪水影响，其中受灾最严重的有 30 个府，主要集中在泰国南部地区；三是这场洪水的水源丰富且来自不同地方：泰国中部地区持续多日的降水和北部山区山洪的积聚与暴发。此外，湄南河和一些小河的堤坝年久失修，防洪高度也不达标，导致洪水不能及时排泄，从而加剧了洪水肆虐的灾情。

根据世界银行的统计，2011 年 7～12 月泰国洪水灾害造成的总经济损失高达 1.4 万亿泰铢（表 2.3）。针对不同产业来说，制造业影响最为严重，约为 10007 亿泰铢；作为

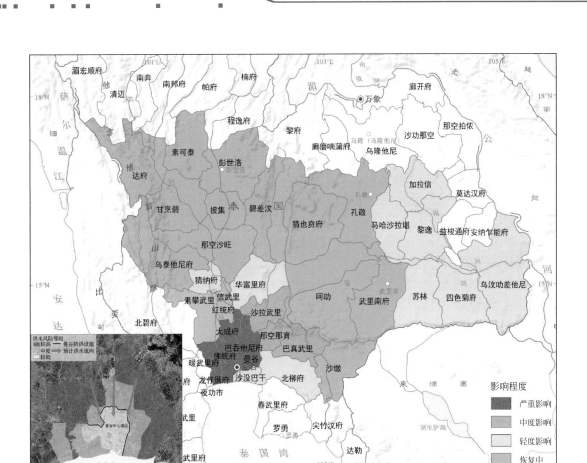

图 2.23　2011 年泰国洪水影响图

泰国另一重要支柱产业——旅游业，此次洪灾共造成泰国 2011 年下半年旅游业经济损失达 95 亿泰铢；个人财产损失达 84 亿泰铢；农业经济损失约 40 亿泰铢。泰国政府预估这次重建经费将达 33 亿美元。灾情严重的大城府共 5 个大型工业园区洪水泛滥，近 20 万名工人受影响。民众出行、食品供应等遭受一定程度影响。洪水满溢地区建筑物被冲毁，农田被淹没，道路和基础设施受到严重破坏。此外，作为第二大硬盘制造国和最大的大米出口国，此次洪灾通过影响泰国进出口贸易，扰乱了全球大米市场及硬盘的供应，导致全球大米和硬盘价格上涨。

表 2.3　泰国 2011 年不同产业洪水灾害损失统计

项目	经济损失 / 亿泰铢	说明
制造业	10007	主要为工业园区损失
旅游业	95	6～12 月共 6 个月
家庭房屋及个人财产	84	结构损失和室内损失
农业	40	农作物损失

2.2.5 海啸灾害

"21世纪海上丝绸之路"是"一带一路"重要组成部分,沿线国家主要处于热带太平洋、印度洋和地中海区域,海洋气象和水体环境复杂多变,是全球热带风暴形成的核心海洋区域之一,极易形成海啸等灾害性事件。同时,该地区由于与全球地震带高度吻合,因此也容易引发毁灭性的巨大海啸。作为典型的海洋灾害,海啸具有发生频次高、影响范围广、造成损失大等特点。这类灾害广泛分布于"21世纪海上丝绸之路"沿线国家,并与孟中印缅经济走廊、中国-中南半岛经济走廊分布高度重合,对该地区的基础设施,以及重大工程建设带来巨大挑战。本书收集"一带一路"地区的海啸灾害事件的发生年份、位置、经济损失、人员伤亡等灾害影响数据,分析其空间分布及时间变化趋势特征,提高对该区域海洋灾害的认识。

1. 空间分布

1985～2018年海啸在该地区主要集中分布在太平洋和印度洋沿海地区,空间分布差异明显。对中国、印度、澳大利亚等具有广大内陆的国家,海洋灾害对内陆地区影响不大,但对于日本、斯里兰卡、菲律宾等国家,海洋灾害影响区几乎覆盖整个国家。

1985～2018年,"一带一路"地区共发生11702次海啸事件,大都是由海底或海岸地震引发,海啸源广泛分布于"21世纪海上丝绸之路"沿线国家和地区(图2.24)。据统计,共发生特大规模海啸4447起、大规模海啸3121起、中等规模海啸1146起、小规模海啸2988起。从区域来看,东亚、东南亚、南亚及非洲部分地区是海啸发生最频繁的地区;孟中印缅经济走廊和中国-中南半岛经济走廊沿线大部分区域都受到海啸的威胁。从海啸密度来看,"一带一路"地区海啸广泛分布在"21世纪海上丝绸之路"沿线国家和地区,尤其以亚太和印度洋地区为核心分布地区,但更集中在沿海的少数地区,并且呈现明显的条带状分布。

从国家层面看,"一带一路"地区中有65个国家曾发生过海啸,1985～2018年日本与印度尼西亚共发生8026起海啸,占整个"一带一路"地区发生海啸总次数的68.6%,远高于研究区其他国家。从特大规模海啸的分布来看,日本和印度尼西亚也是该区域发生特大规模海啸最多的两个国家,分别占整个"一带一路"地区特大规模海啸总数的73.6%和14.4%。中国沿海地区的海啸以小规模海啸为主。

综上所述,太平洋和印度海域是"一带一路"地区海洋灾害最为集中分布的地区,但其区域分异大。中国东部沿海、东南亚各国家、印度、孟加拉国、澳大利亚沿海地区是"一带一路"地区面临海洋灾害危险性最高的地区。

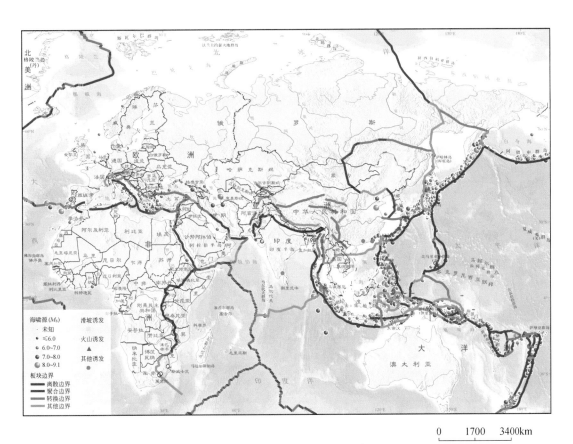

0   1700   3400km

图2.24　研究区海啸源地理分布

2. 灾害趋势

通过对"一带一路"地区海啸数据分析发现，1985～2018年海啸发生频次在各年份均存在很大差异。

1985～2018年，"一带一路"海啸共发生11702次，年均海啸发生频次为344.2次/a。"一带一路"地区不同年份海啸的发生次数具有巨大差异，具有明显的极值效应。2004年和2011年"一带一路"地区海啸事件发生次数最多，分别达到1582次和5651次，远高于其他年份海啸事件次数。从统计数据来看，"一带一路"地区海啸事件发生非常频繁，海啸发生次数超过100次的年份达到17个，呈现小幅度增加趋势（图2.25）。

受全球气候变化影响，海洋表面温度进一步升高，随着海平面进一步上升，海啸的风险和所造成的危害也加剧（Osso et al.，2014），即使在海平面上升0.5m情景下，海啸风险也可能增加一倍（Li et al.，2018）。因此，"一带一路"地区建设面临严峻的海洋灾害风险。

3. 典型案例：印度洋海啸

2004年12月26日，印度尼西亚苏门答腊岛西北部近海发生9.3级特大地震，该地

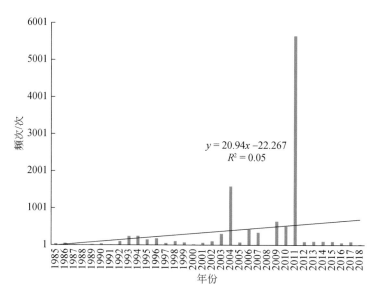

图 2.25 "一带一路"地区海啸事件频次时间变化趋势

震震中位于印度洋苏门答腊岛西北部的近海（3.9°N，95.9°E），震源深度达 28.6 km，是 1900 年以来规模第三大的地震。本次地震及其余震在印度洋多次引发了高达 30～50m 的大规模海啸。

　　断层运动引发强震是造成印度洋海啸的直接原因。该区域的断层运动形式主要有两种：位于印度洋板块与缅甸微板块之间沿着巽他海沟一侧的正向俯冲断层和发生在缅甸微板块与南亚板块主体之间的右旋走向平移断层。板块运动是引发本次海啸的根本原因。印度洋海啸源位于印度洋板块与缅甸微板块（南亚板块中的微板块）的边界，主要由于印度洋板块沿着巽他海沟向缅甸微板块底下俯冲过程中积累的应变能突然释放和同时伴生的海底快速下陷所造成的。

　　地震引发的海啸影响范围广、损失惨重。此次海啸波及范围覆盖 6 个时区之广，远至波斯湾及非洲东岸，包含印度尼西亚、斯里兰卡、印度、泰国、马尔代夫、索马里、缅甸、马来西亚、塞舌尔等国家，仅次于 1960 年智利大地震引起的海啸。截至 2005 年 1 月 20 日，已造成 22.6 万人死亡。其中，印度尼西亚受灾最严重，共造成 13 万余人死亡，近 4 万人失踪，另有 617000 人沦为难民（图 2.26）。

　　同时，印度洋沿岸国家是著名的度假胜地，加上正值圣诞假期旅游旺季，受灾地区聚集了大量的游客，因此，英国、德国、美国、瑞典等国家虽未直接受到海啸影响，但均有国民在本次灾害事件中死亡，非受灾国游客罹难人数达 2230 人，共有约 7000 名外国游客失踪。其中，英国受灾最为严重，英国在伦敦圣保罗大教堂举行盛大悼念仪式纪念在印度洋地震和海啸中遇难的 126 名英国人。瑞典宣布 2005 年 1 月 1 日为全国哀悼日，降半旗为在东南亚海啸中的遇难者致哀。

　　印度尼西亚海啸还造成了巨大的环境影响，据报道海啸对红树林、珊瑚礁、森林、沿海湿地、植被、沙丘和岩层、动植物生物多样性和地下水等生态系统造成了严重破坏。此外，固体、液体废物和工业化学品的扩散，水的污染，以及污水收集和处理工厂的破坏等以各种方式进一步威胁着环境，受到破坏的环境需要很长时间和大量资源来恢复。

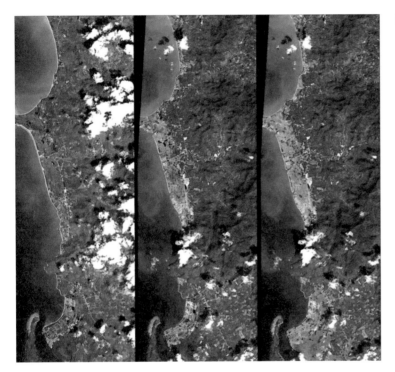

图 2.26　海啸受灾过程变化与受灾情况

资料来源：https://photojournal.jpl.nasa.gov/tiff/PIA06671.tif

2.3　自然灾害综合分区

“一带一路”地区地震、地质、气象、水文、海洋等自然灾害极为发育，分布广泛，严重威胁着沿线国家社会经济发展与文化传播。由于“一带一路”各个国家多为发展中国家，受其经济发展水平限制，在防灾减灾和灾后重建等方面能投入的资源有限。为更好地应对自然灾害，防灾减灾策略的制定不仅需要考虑不同灾种的强度与空间分布，更需要在多种自然灾害同时出现的地区，根据多灾种强度识别出主要灾害类型，同时科学判识主要灾害类型的影响范围，从而更加有效和有针对性地规划并使用有限的救助与建设资源。

2.3.1 评估模型与方法

自然灾害综合分区在综合考虑灾害的内部致灾机理（不同灾种的强度及空间分布）与外部孕灾条件（地形地貌特征和气候分区）的基础上，判识同一空间中的主要灾害类型，构建一种自然灾害综合分区方法，评估出"一带一路"地区自然灾害类型及其强度空间分布。

综合分区内容包括多种灾害不同强度的空间分布、主要灾害类型及其影响范围边界。通过构建"多灾种识别"分段函数提取出主要灾害类型，同时依据地形地貌、气候分区等外部孕灾条件判识其空间分布边界，并最终利用 GIS 栅格计算进行空间叠合分析，实现"一带一路"自然灾害综合分区（附录三）。

2.3.2 综合分区结果

1. 分区指标

1）地貌指标

在综合学者们地貌区划研究的基础上，针对"一带一路"地区范围广、高程变幅大的特点，综合考虑沿线国家与地区地貌特点，将数字高程模型（digital elevation model，DEM）分为平原（＜30m）、台地（30～100m）、丘陵（100～200m）、小起伏山地（200～500m）、中起伏山地 (500～1000m)、大起伏山地（1000～2500m）和极大起伏山地（＞2500m）等 7 个基本地貌单元。利用 ArcGIS 空间分析技术与划分标准（附录三），基于利用邻域分析，对每个栅格的地形起伏度值进行重分类。针对分类结果中的零散碎斑问题，依据不影响基本地貌类型组合的原则，采用对个别面积较小的地貌类型组合进行邻域合并的方法进行数据融合处理，进而获取"一带一路"地区地貌类型分区。

2）气候指标

根据一带一路沿岸国家的气候特点，将气候类型分为亚寒带、亚热带气候、极地气候、温带气候、热带气候、赤道气候和高山气候七大类，并细分为 17 小类：亚寒带大陆性气候、亚热带夏干气候、亚热带大陆性干旱与半干旱气候、亚热带季风气候、亚热带湿润气候、极地冰原气候、极地长寒气候、温带大陆性干旱与半干旱气候、温带大陆性湿润气候、温带季风气候、温带海洋性气候、热带季风气候、热带干旱与半干旱气候、热带干湿季气候、热带海洋性气候、赤道多雨气候和高山气候。

3）灾害强度计算与分区

以各个灾害类型作为基本致灾因子，并依据多灾种强度分区方法，利用 GIS 的空间叠置分析技术计算综合灾害强度，进行基于自然灾害强度的"一带一路"地区灾害强度分区（图 2.27）。

图 2.27　研究区灾害强度分区图

2. 结果与分析

　　"一带一路"地区自然灾害空间格局受大型地质构造、地震带、气候分异等因素控制，呈现较为明显的多灾种集中分布特征（图 2.28）。沿"一带一路"六大经济走廊可以发现，各区域内主要灾害情况如下。

　　（1）中蒙俄经济走廊、新亚欧大陆桥主要穿越亚欧大陆北部，受高纬温度分异及内陆气候影响，以上两个走廊沿线主要遭受干旱与冰冻灾害，北亚与东欧部分地区将同时遭受两种灾害，直至欧洲西部遭受洪水与地质灾害。

　　（2）中国—中亚—西亚穿越亚欧大陆南部，呈东西向沿喜马拉雅山脉穿越青藏高原、伊朗高原一直到阿尔卑斯山脉环地中海地区，呈现地震和地质灾害共同出现的特征。

　　（3）中巴经济走廊由于纵穿喜马拉雅山脉地震带，板块活动频发、南北海拔垂直差异大，同时南邻印度洋，常受印度洋季风影响，因此沿线易遭受地震、地质与洪水灾害袭击。

　　（4）中国-中南半岛经济走廊作为中国连接中南半岛的大陆桥梁，地处低纬热带地区，常年多雨，同时受太平洋热带气旋影响，夏秋季节多发台风、风暴潮等海洋灾害。

此外，由于沿线温度常年较高，易遭受干旱灾害，因此该沿线地区需警惕旱涝急转的情况发生。

（5）孟中印缅经济走廊沿喜马拉雅山脉向南至印度半岛，遭受的主要灾害为地震和地质灾害，以及洪水灾害。

（6）"21世纪海上丝绸之路"沿线经过的非洲大陆东岸则主要受印度洋及尼罗河流域影响，遭受洪水灾害及海洋灾害，同时受非洲板块与印度洋板块活动影响，易遭受地震和地质灾害的袭击。

（7）在非洲内陆多数地区则易遭受干旱灾害，非洲西岸沿海地区受高差、坡度变化影响，常发生地质灾害。沿线东南亚地区则地处板块活动密集区，地质构造变化大且受热带气旋影响频繁，易遭受地震、地质和海洋灾害的多重袭击。

（8）大洋洲地区的主要灾害多为干旱，沿海部分地区受洪水影响。

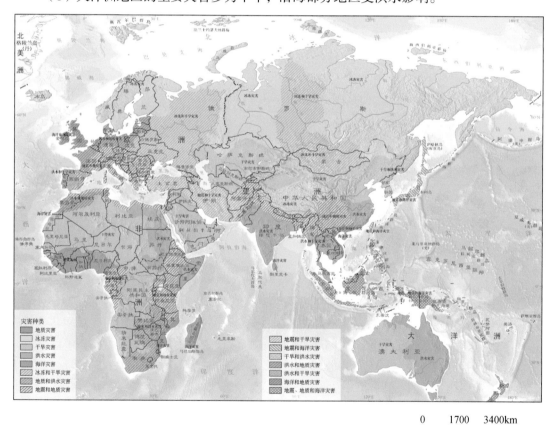

图 2.28　研究区综合自然灾害分区

综上所述，由于"一带一路"沿线各国多数为发展中国家，社会与经济发展水平仍需提高，防灾减灾能力较低的同时，风险防范与防灾减灾的预算也较低。本节研究结果为"一带一路"地区各国提供自然灾害综合分区，以期在宏观层面制定针对性的防灾减灾政策、措施，并提供合理和高效的科学支撑。

参考文献

陈发虎，安成邦，董广辉，等 . 2017. 丝绸之路与泛第三极地区人类活动、环境变化和丝路文明兴衰 . 中国科学院院刊，(9): 55-63.

陈晋，卓莉，史培军，等 . 2003. 基于 DMSP/OLS 数据的中国城市化过程研究——反映区域城市化水平的灯光指数的构建 . 遥感学报，7(3):168-175.

崔鹏，苏凤环 . 2016. 国产高分辨率卫星在 "一带一路" 自然灾害风险管理中的应用 . 卫星应用，(10): 8-11.

崔鹏，胡凯衡，陈华勇，等 . 2018a. 丝绸之路经济带自然灾害与重大工程风险 . 科学通报，63(11): 989-997.

崔鹏，邹强，陈曦，等 . 2018b. "一带一路" 自然灾害风险与综合减灾 . 中国科学院院刊，33(Z2): 38-43.

高中华 . 2015. "一带一路" 发展战略与国际减灾合作 . 中国减灾，9: 22-23.

郭长宝，杜宇本，张永双，等 . 2015. 川西鲜水河断裂带地质灾害发育特征与典型滑坡形成机理 . 地质通报，(1): 121-134.

郭华东，肖函 . 2016. "一带一路" 的空间观测与 "数字丝路" 构建 . 中国科学院院刊，(5): 535-541.

郭君，孔锋，王品，等 . 2019. 区域综合防灾减灾救灾的前沿与展望——基于 2018 年三次减灾大会的综述与思考 . 灾害学，34(1): 154-158, 195.

黄建平，冉津江，季明霞，等 . 2014. 中国干旱半干旱区洪涝灾害的初步分析 . 气象学报，72 (6): 1096-1107.

姜彤，王艳君，袁佳双，等 . 2018. "一带一路" 沿线国家 2020—2060 年人口经济发展情景预测 . 气候变化研究进展，14(2): 155-164.

孔锋，史培军，吕丽莉，等 . 2018. 全球陆地暴雨时空格局变化的自然和人文影响因素研究 (1981—2010 年). 北京师范大学学报 (自然科学版)，54(2): 208-216.

刘世强 . 2019. 我国洪水灾害风险研究综述 . 农业科技与信息，21: 46-48.

柳钦火，吴俊君，李丽，等 . 2018. "一带一路" 地区可持续发展生态环境遥感监测 . 遥感学报，22(4): 686-708.

毛星竹，刘建红，李同昇，等 . 2018. "一带一路" 沿线国家自然灾害时空分布特征分析 . 自然灾害学报，(1): 1-8.

裴艳茜，邱海军，胡胜，等 . 2018a. 中巴经济走廊地质灾害敏感性分析 . 第四纪研究，38(6): 1369-1383.

裴艳茜，邱海军，胡胜，等 . 2018b. "一带一路" 地区滑坡灾害风险评估 . 干旱区地理，41(6): 1225-1240.

史培军 . 1997. 人地系统动力学研究的现状与展望 . 地学前缘，(2): 201-211.

谭显春，顾佰和，等 . 2017. 未来全球气候将继续变暖　发展绿色 "一带一路" . http://www.china.com.cn/news/2017-10/08/content_41698644.htm [2017-10-08].

王皓月 . 1986. 大洋洲的植被与土壤特征 . 河南大学学报 (自然科学版)，(3): 90-91.

王皓年，陈宁欣 . 1985. 大洋洲陆地水文特征浅析 . 河南大学学报 (自然科学版)，(1): 66-67.

杨佩国，胡俊锋，于伯华，等 . 2013. 亚太地区洪涝灾害的时空格局 . 陕西师范大学学报 (自然科学版)，41 (1): 74-81.

杨涛，郭琦，肖天贵，等 . 2016. "一带一路" 沿线自然灾害分布特征研究 . 中国安全生产科学技术，12(10): 165-171.

周成虎，万庆，黄诗峰，等 . 2000. 基于 GIS 的洪水灾害风险区划研究 . 地理学报，55(1): 15-24.

朱颖彦，杨志全，廖丽萍，等 . 2014. 中巴喀喇昆仑公路冰川灾害 . 公路交通科技，31(11): 51-59.

Alcántara-Ayala I. 2002. Geomorphology，natural hazards，vulnerability and prevention of natural disasters in developing countries. Geomorphology，47(2-4): 107-124.

Bird P, Jackson D D, Kagan Y Y, et al. 2015. GEAR1: a global earthquake activity rate model constructed from geodetic strain rates and smoothed seismicity. Bulletin of the Seismological Society of America, 105(5): 2538-2554.

Butt M J，Umar M，Qamar R. 2013. Landslide dam and subsequent dam-break flood estimation using HEC-RAS model in Northern Pakistan. Natural Hazards，65(1): 241-254.

Chen X Q，Cui P，Li Y，et al. 2007. Changes in glacial lakes and glaciers of post-1986 in the Poiqu River basin，Nyalam，Xizang (Tibet). Geomorphology, 88(3-4): 298-311.

Chen X Q，Cui P，You Y，et al. 2017. Dam-break risk analysis of the Attabad landslide dam in Pakistan and emergency countermeasures. Landslides，14(2): 1-9.

Cui P，Regmi A D，Zou Q，et al. 2017. Natural hazards and disaster risk in one belt one road corridors. Workshop on World Landslide Forum, Springer Cham，1155-1164.

Dai A. 2013. Increasing drought under global warming in observations and models. Nature Climate Change，3(1): 52-58.

Ding Y，Hayes M J，Widhalm M. 2011. Measuring economic impacts of drought: a review and discussion. Disaster Prevention and Management，20(4): 434-446.

DOA. 2015. Preliminary list of affected by the earthquake on April，25，2015. Department of Archaeology，Ministry of Culture，Tourism and Civil Aviation，Government of Nepal，http://www.doa.gov.np/downloadfile/PRELIMENARY%20LIST_1434273347_1458300469.pdf.

Donat M G，Lowry A L，Alexander L V，et al. 2016. More extreme precipitation in the world's dry and wet regions. Nature Climate Change，6(5): 508.

Dubovyk O，Ghazaryan G，González J，et al. 2019. Drought hazard in Kazakhstan in 2000–2016: a remote sensing perspective. Environmental Monitoring and Assessment，191.

Gessner U，Naeimi V，Klein I，et al. 2013. The relationship between precipitation anomalies and satellite-derived vegetation activity in Central Asia. Global and Planetary Change，110: 74-87.

Guo H，Bao A，Liu T，et al. 2018a. Spatial and temporal characteristics of droughts in Central Asia during 1966-2015. Science of the Total Environment，624: 1523-1538.

Guo H，Bao A，Ndayisaba F，et al. 2018b. Space-time characterization of drought events and their impacts on vegetation in Central Asia. Journal of Hydrology，564: 1165-1178.

Hayes M，Svoboda M，Wall N，et al. 2011. The Lincoln declaration on drought indices: universal meteorological drought index recommended. Bulletin of the American Meteorological Society，92 (4): 485-

488.

Iqbal M J，Shah F H，Chaudhry A U H，*et al*. 2014. Impacts of Attabad lake (Pakistan) and its future outlook. Eur Sci J，10 (8): 107-120.

Keyantash J，Dracup J A. 2002. The quantification of drought: an evaluation of drought indices. Bulletin of the American Meteorological Society，83(8): 1167-1180.

Kirschbaum D，Adler A D，Peters-Lidard C，*et al*. 2012. Global distribution of extreme precipitation and high-impact landslides in 2010 relative to previous years. Journal of Hydrometeorology，13(5): 1536-1551.

Kirschbaum D，Stanley T，Zhou Y. 2015. Spatial and temporal analysis of a global landslide catalog. Geomorphology，249: 4-15.

Knudsen T L，Andersen T. 1999. Petrology and geochemistry of the Tromøy gneiss complex，south norway，an alleged example of proterozoic depleted lower continental crust. Journal of Petrology，40(6): 909-933.

Li L，Switzer A D，Wang Y，*et al*. 2018. A modest 0.5-m rise in sea level will double the tsunami hazard in Macau. Science Advances, 4(8), doi: 10.1126/sciadv.aat1180.

Nadim F，Kjekstad O，Peduzzi P，*et al*. 2006. Global landslide and avalanche hotspots. Landslides，3(2): 159-173.

Newman T P. 2017. Tracking the release of IPCC AR5 on Twitter: users，comments，and sources following the release of the Working Group I Summary for Policymakers. Public Understanding of Science，26(7): 815-825.

NRA. 2017. Hazard assessment. Retrieved from Government of Nepal, National Reconstruction Authority (NRA), http://fieldsight.org/wp-content/uploads/2017/11/NRA-Case-Study.pdf.

Osso F D, Dominey-Howes D, Moore C, *et al*. 2014. The exposure of Sydney (Australia) to earthquake-generated tsunamis, storms and sea level rise: a probabilistic multi-hazard approach. Scientific Reports, 4: 7401.

Pan G，Wang L，Li R，*et al*. 2012. Tectonic evolution of the Qinghai-Tibet Plateau. Journal of Asian Earth Sciences，53(2): 3-14.

Patz J A，Campbell-Lendrum D，Holloway T，*et al*. 2005. Impact of regional climate change on human health. Nature，438(7066): 310.

Petley D. 2012. Global patterns of loss of life from landslides. Geology，40(10): 927-930.

Potsdam Institute for Climate Impact Research and Climate Analytics. 2013. Turn down the heat: climate extremes，regional impacts，and the case for resilience. Washington: The World Bank.

Sheffield J，Wood E F，Roderick M L. 2012. Little change in global drought over the past 60 years. Nature，491(7424): 435-438.

Sökefeld M. 2015. Disaster and (im)mobility: Restoring mobility in Gojal after the Attabad landslide: a visual essay. Ethnoscripts, 16(1): 187-209.

Sun C，Liu Y. 2019. Tree-ring-based drought variability in the eastern region of the Silk Road and its linkages to the Pacific Ocean. Ecological Indicators，96: 421-429.

Trenberth K E，Dai A，van der Schrier G，*et al*. 2014. Global warming and changes in drought. Nature Climate Change，4(1): 17-22.

van Dijk A I J M，Beck H E，Crosbie R S，*et al.* 2013. The Millennium Drought in southeast Australia (2001–2009): natural and human causes and implications for water resources，ecosystems，economy，and society. Water Resources Research，49(2): 1040-1057.

Vicente-Serrano S M，Begueria S，Lopez-Moreno J I. 2010. A multiscalar drought index sensitive to global warming: the standardized precipitation evapotranspiration index. Journal of Climate，23(7): 1696-1718.

Zhang Z，Chen X，Xu C-Y，*et al.* 2015. Examining the influence of river-lake interaction on the drought and water resources in the Poyang Lake basin. Journal of Hydrology，522: 510-521.

灾害风险评估 第 3 章

"对灾难的惧怕要比灾难本身可怕。"

——笛福

联合国《仙台框架》把"理解灾害风险"作为全球减轻灾害风险框架下第一优先行动方向，提出了对科学灾害风险评估的强烈需求。本章综合"一带一路"地区不同类型灾害的区域分布规律及其致灾特征，同时掌握各类型灾害在不同地形地貌、气候等条件下的孕灾背景，利用现阶段成熟的风险评估方法，实现多尺度的"一带一路"自然灾害风险评估，为"一带一路"地区的灾害风险管理提供科学支撑。

3.1　自然灾害风险

滑坡、泥石流、地震、海啸、风暴潮、洪水等本身只是一种自然现象，只有当它们影响到人类社会的时候才被称为灾害。因此，灾害风险可以表示为特定灾害事件造成人员和财产损失的可能性（UNISDR，2009），它是一种灾害与暴露于危险之中的人类和财产之间相互作用的结果（术语解释见附录一）。

3.1.1　灾害风险

风险的概念来自保险行业，可以简单地理解为潜在的损失概率。例如，把钱投入股市总是有风险的，因为无法确定是增值还是贬值。然而，根据研究和应用领域的不同，对风险一词的定义也有所不同。Burby（1991）和 Eastman 等（1997）认为风险是由于危险而遭受伤害的可能性或遭受损失的可能性。Beck 等（1992）解释了风险在不同的语境下的含义，用机遇与危险两部分来表达，他进一步将风险定义为"由于给定的技术或其他过程而造成的物理伤害的概率"。Holten（2004）将风险与不确定性联系起来，提出了不确定性和潜在结果这两个风险的主要成分。

灾害风险可以定义为在一定时期内因灾害造成损失、伤害或破坏和损害的可能性（UNISDR，2009）。自然灾害拥有自然属性和社会属性，它的发生离不开人类的存在，随着社会和社区的参与而演变。因此，灾害和灾害风险不仅是自然的，还有诸多的人文社会因素。目前，被广泛接受并应用于自然灾害风险评估的模型（Peduzzi *et al.*，2002；Granger，2003；ISDR，2004）可以简写为

$$风险（R）= 危险性（H）× 易损性（V） \tag{3.1}$$

式中，危险性（H）为用来描述特定种类和规模的灾害发生概率或强度的参数，用于反映灾害的潜在影响程度；易损性（V）为描述灾害事件可以影响的特定承灾体潜在破坏程度的参数，主要反映了承灾体自身强度、数量与价值，也可以用暴露度与脆弱性来表示。从以上风险模型可以看出，理论上若风险的组成要素危险性或易损性有一个因素为 0，则最终的风险为 0。以滑坡为例，当满足其中一个或者多个以下条件时，灾害风险将为 0：

（1）不可能发生滑坡的情况，如平原地区，即 $H=0$；

（2）滑坡影响范围内没有人员及财产；

（3）承灾对象能够抵御威胁其所在位置的所有规模的滑坡（现实中几乎不可能出现这种情况）。

在灾害风险评估中，可以依据评估尺度、灾种特征及所掌握的基础数据，量化评估指标体系，开发具体的灾害风险评估模型（具体评估方法见附录二），如在大区域尺度下的易损性评估，受数据获取局限，未能考虑承灾体的抗灾能力差异。

3.1.2　灾害风险评估尺度

灾害风险评估的一个重要元素是灾害风险评估的尺度，开展不同尺度的自然灾害风险评估，需要不同的评估方法与数据支撑，评估结果所服务的对象也存在很大差异。如何针对不同的需求，采用从宏观到微观几个不同尺度对自然灾害风险评估是本章所要明确的重要内容（表 3.1）。

表 3.1　多尺度自然灾害风险评估内容及目标

评估尺度	评估精度	评估目标
全区域	1～10 km	识别全球灾害风险规律，支持国际合作减轻灾害风险
区域	100 m	绘制地区间灾害风险分区，支持地区间协同救灾策略
社区（城市）	1～5 m	识别灾害影响，服务城市规划
工程	取决于工程设计要求	服务基础设施建设，支持工程安全运维

全区域尺度自然灾害风险评估服务于"一带一路"各地区防灾减灾国际合作，集中各国防灾减灾优势共建灾害应对与可持续发展格局；区域尺度自然灾害风险针对不同地区区域性的灾害特征划分灾害分区，从而促进"一带一路"各国依据自身不同灾害风险识别与应对经验，建立地区间的协同救灾机制；社区（城市）尺度自然灾害风险评估则

是有针对性评估典型灾害类型造成的影响。通过构建针对性、具体化的风险评估体系与防灾减灾措施，为"一带一路"地区各界提供减灾预警、防灾预案、应急管理与灾后救助方案参考；工程尺度自然灾害风险评估则针对典型线路工程、水电工程等开展特定灾害类型的风险评估或地貌稳定性评估，保障"一带一路"基础设施工程的顺利实施和运维安全。

3.2 全区域尺度自然灾害风险评估

针对"一带一路"全区域内的典型灾害类型：地震、地质、干旱、洪水、海洋灾害分别开展危险性与易损性评估，得到不同风险的空间分布与等级，并将多种自然灾害类型综合起来评估"一带一路"各地区人口死亡与经济损失风险。通过以上评估结果，以期支持"一带一路"各地区协同合作开展防灾减灾，共同应对灾害，减少灾害风险。本章节所采用的风险评估方法详见附录二。

3.2.1 多灾种风险评估

1. 多灾种人口风险评估

"一带一路"自然灾害人口风险评估旨在评估"一带一路"地区内的人口在多种自然灾害影响下的风险。人口风险评估结果由多灾种因灾致死危险性分布与脆弱性分布，利用加权综合方法计算得到。

"以人为本"是自然灾害防治的根本与目的，而通过分析人身风险评估结果，能够直观了解"一带一路"地区哪些国家、哪些地区人口可能受自然灾害影响致死，有利于各国各地区政府制订针对性的防治措施与方案（图3.1）。

人口风险受灾害危险性与人口脆弱性影响。自然灾害高发区主要是环太平洋、印度洋、地中海一直延伸到大西洋的内陆地区，沿喜马拉雅山脉向西北方向，经过帕米尔高原、伊朗高原直至阿尔卑斯山脉。非洲沿海区域和欧洲区域灾害数量较多，但分布相对分散，大洋洲危险性较低。

多灾种人口脆弱性分布受人口密度、国家设防抗灾能力等的综合影响，人口密度大但国家社会发展水平、设防能力较高的地区脆弱性仍较低，如部分东亚和欧洲国家。反之，非洲部分国家虽然人口密度较低，但他们的设防能力相对较弱，造成较高的脆弱性。

结合图3.1与表3.2可以看出，多灾种因灾死亡高风险则集中分布于亚洲东部、南亚、东南亚大部、喜马拉雅山脉、印度半岛、非洲中东部，以及欧洲南部部分地区。高风险地区主要受到灾害发生频次与人口脆弱性的影响，除了发生频率高、人口密度大造成较高风险外，一些地区虽然灾害发生频次低，但人口密度高、设防能力较弱，同样会使风险处于中或高风险水平。在国家单元分布中，欧洲部分国家灾害发生数量较多且人口密度较大，导致国家的风险处于较高水平。

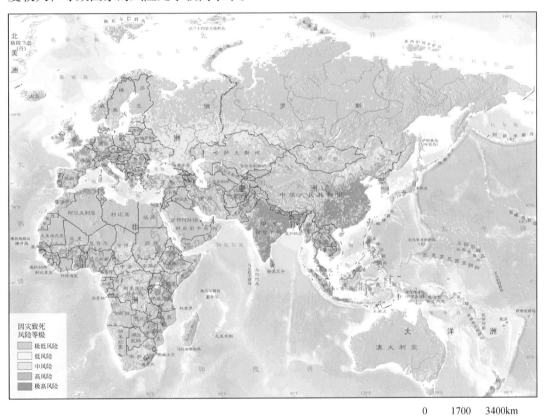

图 3.1　研究区多灾种人口风险评估结果

表 3.2　"一带一路"地区不同等级因灾致死风险面积占比　　　（单位：%）

国家和地区	中国	蒙俄	西亚	南亚	东南亚	中亚	东亚	欧洲	非洲	大洋洲
极低－低风险	51.88	98.63	65.74	21.72	40.96	95.41	90.1	81.11	68.87	95.28
中－高－极高风险	19.86	0.08	9.6	54.22	24.24	0.83	7.43	6.59	7.21	0.67

2. 多灾种经济损失风险评估

"一带一路"自然灾害经济损失风险评估旨在评估"一带一路"地区经济受多种自然灾害影响下的潜在损失风险。经济风险损失评估结果由多灾种致灾因子危险性与经济脆弱性组成，通过加权综合方法计算得到，并针对不同服务对象，将经济损失风险评估结果分别以栅格尺度与国家尺度表达。

减少灾害对社会经济发展的影响是自然灾害防治的目标，通过分析经济损失风险评估结果，能够直观了解"一带一路"国家和地区的经济发展受自然灾害影响的程度，有利于各国各地区政府合理分配防灾与救助资源。

多灾种经济脆弱性主要考虑灾害对国家社会经济发展水平的影响，因此在不考虑国家经济韧性的情况下，GDP总量较大的国家，其经济脆弱性相对较高，如中国、澳大利亚、瑞士、西班牙、意大利等（图3.2，表3.3）。

表3.3   "一带一路"地区不同等级经济损失风险面积占比   （单位：%）

国家和地区	中国	蒙俄	西亚	南亚	东南亚	中亚	东亚	欧洲	非洲	大洋洲
极低－低风险	36.7	93.61	41.81	14.81	16.58	92.2	80.69	33.64	73.98	79.56
中－高－极高风险	49.56	1.74	43.82	79.56	64.28	4.7	11.88	22.14	12.75	11.47

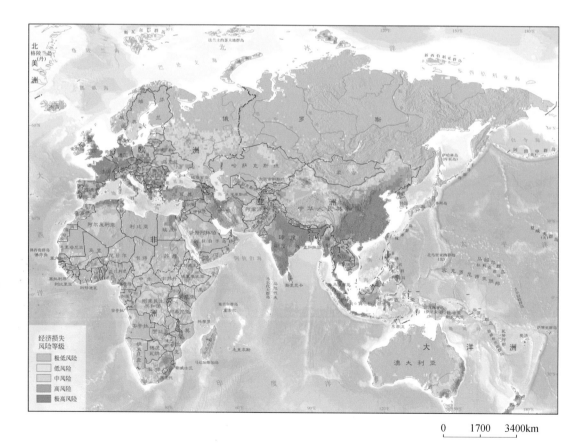

图3.2   研究区多灾种经济损失风险评估结果

多灾种经济损失风险主要受灾害发生频次和受评估对象经济发展水平两方面的共同影响。除灾害发生频率高、GDP 总量较大的地区经济损失风险较大外，一些地区灾害虽然发生频率较低，但 GDP 总量较高，同样遭受相同等级的高强度灾害，即使这些地区的设防水平能够抵御并吸收大部分的灾害冲击，余留的部分所造成的经济损失仍可能高于 GDP 较低的地区。因此，这些地区的经济发展受多种自然灾害影响的风险仍可能处于中或高水平。

综上所述，本章节从区域多灾种的角度评估了"一带一路"地区综合自然灾害风险。基于 EM-DAT 等全球自然灾害数据库权威灾情数据，从自然灾害易发性角度评价了不同区域各自灾害发生的可能性，从灾害导致经济损失与人身威胁的角度评价了不同区域的脆弱性。运用核密度扩散和蒙特卡罗仿真，结合统计手段，以年期望经济损失和年期望人口因灾致死指标表征多灾种灾害风险的大小，绘制"一带一路"地区多灾种综合风险图。

3.2.2　地震灾害风险评估

地震灾害风险评估旨在评估"一带一路"地区遭受地震灾害的可能性。评估结果由地震灾害危险性与易损性分布，利用指标加权综合的方法计算得到，空间分辨率为 $30km \times 30km$。

"一带一路" 地区频繁的板块挤压、活跃的地质构造运动等因素为地震灾害的发生提供了有利条件，因此该地区地震灾害频发程度与剧烈程度均位于世界前列，对开展"一带一路"地震灾害风险评估的需求迫切。通过分析地震灾害风险，能够直观了解"一带一路"各地区遭受地震灾害的可能性，以及地震产生的可能影响，有助于各国各地区针对性地开展地震灾害防治措施并制订预防策略（图 3.3）。

地震灾害危险性采用 4.0 级以上历史地震产生的地震动峰值加速度（peak ground acceleration，PGA）计算得到，PGA 值常由地震动脉冲的尖峰值决定，是作为确定地震烈度的标准依据，并基于一般建设工程的抗震设防标准划分不同危险性等级。从空间分布看，地震灾害危险性高值区主要集中于太平洋板块西侧、印度洋板块与亚欧板块交界处，以及非洲板块东侧与印度洋板块交界处。亚欧大陆主要集中于日本周边地区及向西南方向沿中国台湾、东南亚到青藏高原、喜马拉雅山脉，并继续向西北方向，经过帕米尔高原、伊朗高原、地中海，直到阿尔卑斯山脉带。非洲大陆主要集中于东部东非大裂谷地区，大洋洲则在东西两侧有零星分布。

地震灾害易损性则主要考虑 GDP 与人口密度，这两项指标也是受地震灾害影响最大的两个方面。从易损性空间分布看出，高易损性区域主要分布于亚洲东部、南部与东南部，欧洲西部与南部，非洲东西两侧，大洋洲东侧。GDP 与人口分布高度重合地区易损性极高。

根据图 3.3 可以看出，地震灾害风险空间分布有效地展示了发生地震灾害可能性较高的区域分布，以及地震灾害产生影响较大的区域分布。极高风险分布于东亚和东南亚环太平洋地区，西亚帕米尔高原与伊朗高原，以及欧洲环地中海、意大利半岛等地区。地

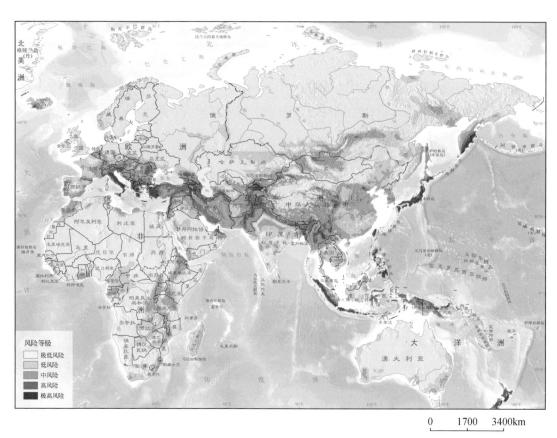

图3.3　研究区地震灾害风险评估

震危险性仍是风险的主要驱动因素，但在一些地震危险性较低，但人口与GDP发展程度较高的地区，地震灾害风险仍处于中或高水平，而在亚欧大陆北部、阿拉伯半岛、大洋洲、非洲大部分地区，地震灾害风险的程度均较低。

根据"一带一路"地区地震灾害风险的主要特点并结合防灾减灾需求，建议在沿线国家的地震危险性（50年超越概率10%的PGA）小于$0.1g$（g为重力加速度）的地区，一般民用建筑应采用六度设防；在地震危险性$\geq 0.1g$且$< 0.2g$的地区，一般民用建筑应采用七度设防；在地震危险性$\geq 0.2g$且$< 0.4g$的地区，一般民用建筑应采用八度设防；在地震危险性$\geq 0.4g$的地区，一般民用建筑应采用九度设防。

此外，在地震风险达到或超过中风险程度的地区，建议对重要基础设施应覆盖地震保险。在地震风险达到或超过高风险程度的地区，所有基础设施都应覆盖地震保险。在地震风险程度极高的地区，应通过合理的规划，将人口和经济设施向低地震风险地区疏散。

3.2.3　地质灾害风险评估

"一带一路"地区受板块碰撞挤压，地形起伏度较大、地质构造活动活跃，为地质灾害的发生提供了有力的灾变条件（Nadim *et al.*，2006；Petley，2012；Qiu，2014；高中华，2015；杨涛等，2016；毛星竹等，2018）。地质灾害风险评估的核心是评估"一带一路"地区遭受滑坡、泥石流、山洪等地质灾害的可能性。评估结果由 8 项密切反映地质灾害危险性与易损性的指标通过加权综合分析的方法计算得到，并按照自然断点法将风险等级指数分为 5 级：极高、高、中、低和极低（张吉军，2000；胡胜等，2014；杨冬冬等，2017）。

　　本章通过分析地质灾害风险评估结果，能够直观了解"一带一路"地质灾害高发地区，以及地质灾害高社会经济影响地区，有助于为各国各地区在工程选线、工程运维、国土规划等重大工程措施上提供有效的数据与方案支持。

　　地质灾害危险性评估体系主要由坡度、地形起伏度等地貌特征，距河流的距离、多年平均降水量等水文气象特征，以及地震点密度与岩性等地质构造特征共同构成（Chung and Fabbri，2003；Westen *et al.*，2008；邱海军，2012；崔鹏等，2015；杜悦悦等，2016；Kanungo *et al.*，2008），并运用模糊层次分析法（fuzzy analytic hierarchy process，FAHP）确定各指标间的重要性（胡胜等，2014；裴艳茜等，2018）。通过其空间分布可以看出（图 3.4），极高、高和中风险区主要分布在中国西南山区、黄土高原、秦巴山地、江南丘陵、云贵高原、喜马拉雅山脉一带，南亚苏莱曼山脉、东南亚那加丘陵、若开山脉、

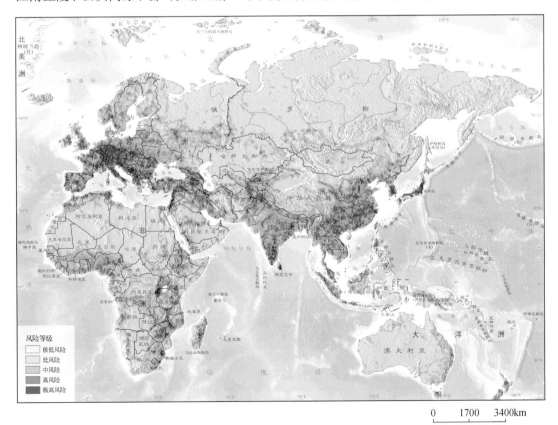

图 3.4　区域地质灾害风险评估

长山山脉一带，西亚托罗斯山脉、伊朗高原、扎格罗斯山脉一带，以及环太平洋岛链、中亚哈萨克丘陵地区，欧洲阿尔卑斯山脉一带，非洲东非大裂谷和东非高原一带。

地质灾害众多诱发因素中，较高坡度下的重力作用是主因之一，在喜马拉雅山脉、兴都库什山脉、中国横断山区的高危险区有较明显体现。此外河网的侵蚀作用、岩性与地震点的稳定性对危险性的贡献也较大，如东南亚湄公河流域、欧洲南部沿地中海地区。此外，通过对比分析还发现，当区域坡度为 $25° \sim 45°$，地形起伏度大于 900m，距河流的距离小于 500m，多年平均降水量为 $400 \sim 800mm$，地震密度为 $3 \times 10^{-4} \sim 2 \times 10^{-3}$ 个 /km^2，工程地质岩组为中等硬质岩体、软质岩和强风化岩体时，地质灾害易发性较高。

地质灾害易损性评估体系主要由人口密度与夜间灯光指数组成，分别体现社会易损性与经济易损性。通过对比分析发现，当人口密度为 $80 \sim 160$ 人 /km^2，公路线密度为 $2 \times 10^{-1} \sim 9 \times 10^{-1}$ km/km^2，夜间灯光指数为 $20 \sim 60$ 时，地区易损性对地质灾害敏感度较高，易受到灾害影响。高易损性主要集中于中国东南和西南部、东南亚北部、南亚南部及欧洲西南部，多分布于人口密度大、经济条件好、公路设施齐全的国家和地区。

从地质灾害风险评估结果（图 3.4）可以看出，"一带一路"大部分地区地质灾害为极低和低风险（70.2%），但是高风险与极高风险分布却相对集中。极高、高和中风险区主要分布在东南亚的长山山脉一带，东亚的黄土高原、云贵高原、喜马拉雅山脉一带，南亚的东高止山脉、德干高原一带，西亚的伊朗高原和大高加索山脉一带，非洲的东非高原、东非大裂谷一带，欧洲的阿尔卑斯山脉和阿登高原一带等有利于灾害形成并且人口密度大、经济发达、公路设施齐全的国家和地区。各风险等级具体分布如表 3.4 所示。

表 3.4　"一带一路"地区地质灾害风险空间分布

风险等级	面积比 /%	经济带	国家和地区
极低风险	44.7	中蒙俄经济走廊	蒙古、里海、也门、沙特阿拉伯、斯里兰卡、哈萨克斯坦、俄罗斯、芬兰、中非、刚果（布）、纳米比亚、澳大利亚
低风险	25.5	中国 - 中亚 - 西亚经济走廊	吉尔吉斯斯坦、叙利亚、尼泊尔、不丹、约旦、以色列、伊朗、塔吉克斯坦、巴基斯坦、朝鲜、印度尼西亚、菲律宾、中国（西部地区）、冰岛、德国、乌克兰、希腊、瑞典、挪威、摩洛哥、突尼斯、几内亚、科特迪瓦、喀麦隆、赤道几内亚、加蓬、刚果（金）、肯尼亚、赞比亚、莫桑比克、安哥拉、南非
中风险	15.3	孟中印缅经济走廊、中国 - 中南半岛经济走廊、海上丝绸之路	阿富汗、尼泊尔、不丹、老挝、塔吉克斯坦、缅甸、泰国、土耳其、越南、中国（东南丘陵山区、台湾、西南山区、秦巴山区、黄土高原）、英国、爱尔兰、法国、西班牙、葡萄牙、匈牙利、乌克兰、罗马尼亚、克罗地亚、瑞典、摩洛哥、突尼斯、塞拉利昂、利比里亚、科特迪瓦、加纳、多哥、贝宁、尼日利亚、埃塞俄比亚、乌干达、坦桑尼亚、赞比亚、马拉维、莫桑比克、津巴布韦、马达加斯加、莱索托
高风险	10.3	中巴经济走廊、新亚欧大陆桥西端	亚美尼亚、叙利亚、黎巴嫩、伊拉克、格鲁吉亚、伊朗、也门、巴基斯坦、斯里兰卡、印度、阿塞拜疆、中国（东南丘陵山区、台湾、西南山区、秦巴山区、黄土高原等小部分地区）、德国、比利时、卢森堡、意大利、捷克、奥地利、斯洛伐克、保加利亚、塞尔维亚、波黑、阿尔巴尼亚、希腊、肯尼亚、斯威士兰
极高风险	4.2	海上丝绸之路	韩国、日本、瑞士、斯洛文尼亚、卢旺达、布隆迪

应充分发挥各国家政府在灾害防控中的角色，将专业性与群众性相结合，针对不同地区、不同发生规律与成因机制，以及不同地质灾害风险等级，有针对性地制定更完善的减灾对策，从各个尺度提高灾害风险防控能力。对于低风险地区，以防范为主，按需建立相关政策；对于中风险和高风险地区，需要加强地质灾害风险意识，完善相关制度构建，因地制宜制订科学的应急预案。在重大工程建设方面，应切实重视灾害勘察，准确判识潜在风险，注重从源头避免灾害或者降低灾害风险，合理开发和建设，确保建设过程中的安全以及可持续性（殷坤龙，2010；刘大文，2015；崔鹏等，2018）。

3.2.4　干旱灾害风险评估

干旱灾害与地震、地质、洪水灾害的极端性与突发性不同，具有长期性与潜在性等独特性质，与此同时，受海陆位置差异、气候分区影响，"一带一路"地区干旱灾害具有较为明显的区域特征。干旱灾害风险评估基于 8 项与干旱灾害联系密切的危险性与易损性指标，利用指标加权综合的方法计算出"一带一路"地区发生不同程度干旱的可能性。利用直方图百分比法将评估的风险等级指数分为 5 级：极高、高、中、低和极低。具体评估结果如图 3.5 所示。

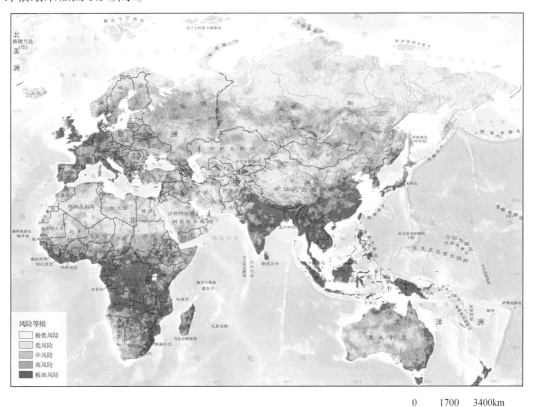

风险等级
☐ 极低风险
☐ 低风险
☐ 中风险
☐ 高风险
■ 极高风险

0　　1700　　3400km

图 3.5　研究区干旱风险评估

干旱危险性评估采用标准化降水蒸散指数（SPEI）作为评估指标，配合游程理论模型与 SPEI 累积分布函数（cumulative distribution function，CDF）计算得到。干旱危险性评估结果显示，干旱危险性在中国东南部、东南亚、中亚哈萨克斯坦中部、南亚印度中北部以及欧洲部分地区较高；而在俄罗斯北部地区、阿拉伯半岛北部、非洲北部沙漠区相对较低。需要说明的是，由于 SPEI 是对每个栅格点自身历史降水与蒸散发程度的纵向对比，因此其值的大小仅表达每个栅格历史气象条件下的干旱严重程度。

干旱脆弱性评估主要体现各地区农业、经济、生态等系统能承受干旱能力的大小，其指标由灌溉用地面积百分比、GDP、人口密度、归一化植被指数和作物产量构成。利用模糊层次分析法（FAHP）得到的脆弱性评估结果显示，脆弱性高值区主要分布在植被状况较好并且人类活动密集和经济发展较好的东亚、南亚、东南亚、非洲中部、欧洲西部以及大洋洲东部地区。在脆弱性评估体系中，灌溉用地程度与作物产量指标受降水与蒸散发影响最大，在印度半岛、中国东部与北部地区对脆弱性的贡献最为明显；GDP 与人口百分比指标同样受干旱影响，在欧洲西部、印度半岛、亚洲东部对脆弱性的贡献有较为明显的体现，但是 GDP 较高的地区也表现出一定的灾害抵御能力。此外，植被长势则通过调节当地局部气候、根系固水等作用，对干旱具有一定的防护能力，在植被长势较好的地区能够降低其脆弱性，如亚欧大陆北部、印度半岛等地区。

从干旱风险评估结果（图 3.5）可以看出，"一带一路"干旱风险较高的地区主要集中在东亚、东南亚、南亚、欧洲、非洲中部以及大洋洲北部地区。虽然这些地区给人的直观印象多属于降水丰沛的地区，如东南亚甚至属于热带地区，但雨季与旱季的明显划分、旱涝急转，以及对水资源的不合理利用、对干旱防治的不重视等原因，均有可能导致以上地区较高的干旱风险。此外，在亚洲中部（包括俄罗斯南部和中亚北部地区）、欧洲北部和东部地区，以及大洋洲部分地区受海陆位置、气象等条件影响，加之密集人口、灌溉作物和高 GDP 背后的高用水量，致使以上地区干旱风险呈现高风险和中风险。但受制于人口、局部气象以及植被长势的空间分布特征，其风险分布相对离散。

对策与建议：干旱灾害的抗灾减灾也应该从致灾因子和承灾体易损性两方面进行应对。干旱的致灾因子主要是由自然因素产生，人类活动在短期内难以有效改变。因此，针对干旱灾害致灾因子开展干旱减灾抗灾的主要手段是合理利用有限的水资源，将单位用水发挥到最大效益来缓解干旱（冯金社和吴建安，2008）。其次，加强干旱致灾机理与特征的研究，切实建立干旱预警体系（闫淑春，2005）。干旱灾害中承灾体主要为自然植被、居民健康、社会经济发展等，通过修建水库、沟渠等基础水利设施，缓解干旱损失。另外，在不同区域开展抗旱作物种植，提高对干旱的抵御能力。

"一带一路"地区干旱的危险性和脆弱性均存在较大的空间异质性。因此，应采取因地制宜的原则展开防灾减灾工作，加强不同区域间工作交流，建立联防机制。

3.2.5　洪水灾害风险评估

洪水灾害风险评估主要是分析"一带一路"地区遭受由大气降水、下垫面产流与汇流形成的气象与水文等因素对社会经济产生影响的可能性。本部分仅对降水洪水灾害进行评估，评估结果由 8 项密切反映洪水成灾机理的气象、水文、社会经济指标构成，通过指标加权综合的方法将各指标叠合，并结合结果直方图分布与均值 - 标准差方法，将风险等级指数分为 5 级：极高、高、中、低和极低。

洪水作为《减轻灾害风险全球评估报告》中影响最大的灾种，是"一带一路"地区发生灾害频次最高、分布最广泛的灾害类型，被称为"广布型"灾害，也是威胁"一带一路"地区社会经济发展最常见、影响最大的灾害类型。本节通过洪水灾害风险评估分析，能够清晰掌握"一带一路"洪水的高发地区及其高影响地区，对"一带一路"各国经济建设和生态文明发展均具有重要意义，是确保社会经济与生态可持续发展的重要基础工作。

洪水危险性评估体系主要以汛期最大月降水量作为内部诱发因子、海拔标准差、河网密度、植被指数作为外部敏感性因子，采用指标加权综合方法叠加，最终利用 ArcGIS 直方图百分比方法划分不同等级绘制而成。从结果上看，"一带一路"地区洪水危险性整体上呈现"南部高、北部低"的特征。非洲中部及南部、东南亚地区、朝鲜半岛以及大洋洲北部地区洪水危险性均较高，而在西伯利亚、撒哈拉沙漠、阿拉伯半岛、中亚等地区洪水危险性相对较低。危险性分布与地区降水分布、河流密度分布相符，表明汛期最大月降水量与河网密度对洪水危险性具有较大影响。此外，归一化植被指数则对洪水危险性起到一定削弱作用，具体体现在东亚和欧洲北部等地区。

洪水易损性评估体系则主要由人口密度、国内生产总值（GDP）以及耕地面积百分比共同组成。一般而言，人口密度越大、国内生产总值越大、耕地面积百分比越高的地区，易损性越高。国内生产总值反映区域的经济状况，人口密度反映人口集聚程度，耕地面积百分比则反应农业生产的基本状况，以此综合表达承灾体易损程度。"一带一路"地区整体上以低易损性为主，占总面积的 58.60%，其他 4 个等级的比例较低，而易损性极高的地区主要分布在印度半岛、东亚西南部、欧洲以及非洲中部等地区。其中，人口密度与耕地面积百分比两个指标对易损性具有较大影响，能反映出洪水对作物与人口的影响，主要体现在亚洲东部、东南亚、印度半岛以及欧洲西部与南部。此外，作为洪水损失的重要来源，GDP 分布同样对易损性具有较高贡献，但由于 GDP 分布与人口聚集度、城镇化度联系密切，其分布较为离散，难以集中体现，如欧洲和东亚部分地区。

从洪水灾害风险评估结果（图 3.6）可以看出，"一带一路"地区以洪水低风险和中风险区为主，分别占总面积的 32.38% 和 21.25%。其他三类风险区面积比均不足 20%。洪水风险高的区域集中在西欧、印度、中国的东南部、日本南部、尼泊尔、泰国、几内亚、尼日利亚等地区。以上高风险地区主要受降水、河网密度等自然因素控制，同时受人口密度、作物分布、经济密度等社会经济因素共同影响。除了短期内无法控制的气象等诱发因素外,洪水防治的宏观调控可通过防洪治涝工程体系的构建,以及调整植被、GDP 等社会经济和生态环境指标实现,如植被根系的固土储水作用、对局部气候的调控作用、人口聚集区的针对性防治工程均能够有效降低洪水的危险性与易损性,降低洪水风险。

图 3.6　研究区洪水灾害风险评估

　　对策与建议:洪水灾害是制约"一带一路"地区社会经济发展的主要因素,加强"一带一路"地区洪水灾害风险评估对经济社会的可持续发展以及防灾减灾对策的制定具有十分重要的意义。从洪水灾害的风险评估结果可以看出,"一带一路"洪水风险分布具有强烈的空间异质性,但汛期降水的分布与洪水风险分布具有较好的一致性。因此,各地区应重点关注极端或长时间持续降水可能发生的时间(那日苏等,2016),在这期间做好预防洪水灾害和防灾减灾工作,以便各地洪水灾害损失降到最低。由于洪水灾害的形成非常复杂,影响因子众多,要完全定量地分析洪灾风险有一定困难,本书在层次分析法的基础上所建立的指标模型只是进行了一定程度的探索,今后研究应该综合考虑更多的相关因子,通过实际验证建立更有效合理的评估模型。

3.2.6　海洋船舶航行风险评估

"21 世纪海上丝绸之路"是"一带一路"重要的组成部分，贯穿太平洋、印度洋和地中海区域，同时该区域包括亚欧、非洲大陆、大洋洲交界的板块碰撞区，水热交换剧烈，为海啸、热带风暴及其风暴潮等海洋灾害提供了充分的灾变场所。当连接"海上丝绸之路"的邮船、公务船、工程船与沿海各国渔船在海洋中行驶时，其船舶抗风浪能力及风浪后航行碰撞风险是海洋灾害损失的重要影响因素。通过评估"海上丝路"地区船舶航行所遭遇的风浪及其碰撞的可能性，为"21 世纪海上丝绸之路"的可持续发展保驾护航。

本节通过全球第三代海浪数值模型后报数据产品与船舶自动识别系统数据产品，计算不同海区船舶与海浪出现的概率，计算船舶航行遭遇风浪的可能概率；其次，利用船舶自动识别系统产品，计算各海区内船舶的最小会遇距离与最小会遇时间，衡量船舶碰撞危险的可能性与紧迫程度；最终将两个评估结果共同作为海上船舶行船风险。

从船舶航行遭遇风浪风险空间分布可以得知（图 3.7），风险高值区主要分布于西太平洋、南大洋和东大西洋地区，特别是北大西洋与南大洋海域达到极高值；船舶碰撞风险高值区则集中分布于中国海域、日本海域、马六甲海峡、红海海域、地中海海域等繁

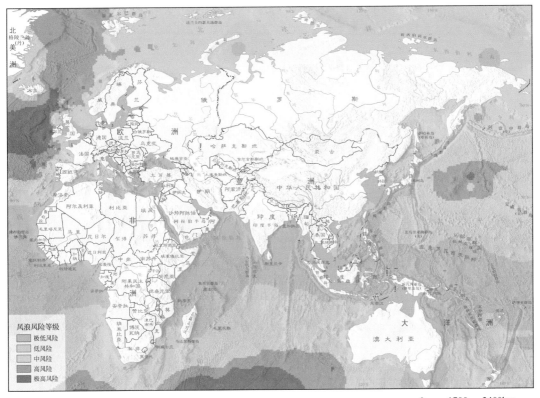

（a）

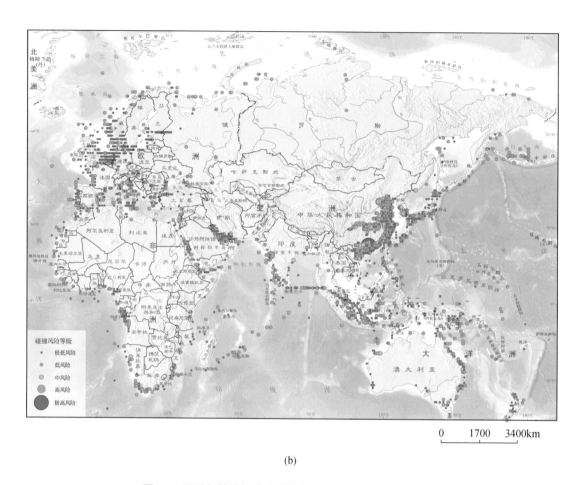

(b)

图 3.7 区域船舶航行遭遇风浪风险（a）与碰撞风险（b）

忙的港口、水道及海峡周边。上述地区及关键地理位置，是"21 世纪海上丝绸之路"发展的必经之地与重要目标地点，通过船舶航行风浪与碰撞风险评估结果，结合当地灾害预警体系，可为保障"21 世纪海上丝绸之路"可持续发展提供有价值的航行安全参考，也为"21 世纪海上丝绸之路"灾害数据与技术的共享提供有针对性的合作方向。

对策与建议：

（1）"一带一路"地区船舶航行风浪与船舶航行碰撞，对于"21 世纪海上丝绸之路"建设构成巨大威胁。虽然海洋灾害的研究受到科学界和政府部门的广泛重视，但目前缺乏对"一带一路"区域各种海洋灾害时空分布及其暴露和损失影响的深入分析。因此，应加强"一带一路"地区海洋灾害数据整合研究，加快建立"一带一路"地区海洋灾害数据共享机制。全面深入开展"一带一路"地区海洋灾害风险评估，不能只依赖于一个国家的海洋灾害数据资源，更需要整合各个国家的数据，建立跨国家的数据共享机制，鼓励各个国家的研究人员分析和应用此类数据。

（2）与此同时，联合"一带一路"地区社会各界力量，共同推动海洋灾害管理与政策法规制定及完善。"一带一路"地区国家在应对风暴潮及海啸等海洋灾害时，在灾害认识水平、防灾减灾能力等多个方面存在一定差异，这就需要注意加强"一带一路"区域各国在海洋灾害风险评估和防灾减灾救灾行动多个领域的合作与交流，联合学术机构、非政府组织等不同民间组织广泛参与海洋灾害管理与政策法规制定过程，努力降低海洋灾害对"一带一路"地区的不利影响。

（3）加快建立"一带一路"地区海洋灾害联合预警及救灾指挥中心，构建多国应急救援机制。随着"21世纪海上丝绸之路"建设的深入推进，"一带一路"地区国家的经济和文化交流将日益紧密，海洋灾害的威胁也将可能造成"连锁反应"。因此，单独依靠一个国家的力量应对海洋灾害，已经不能满足救灾及时响应的需求。通过构建统一的灾害风险预警系统及协调中心，建立区域及全球灾害风险预警应急机制，能更加有效地在短期内最大限度降低海洋灾害对"一带一路"地区社会经济、生命财产的影响。

3.3 区域尺度灾害风险评估

"一带一路"地区地跨多个大洲、不同地形地貌区与气候区，而不同的气候与下垫面特征决定了该地区具有较为明显的区域性特征，在不同的孕灾环境与承灾环境条件下灾害成灾机理各异。因此，除了需要对"一带一路"地区进行全面的灾害风险评估外，针对重点区域进行区域性灾害风险评估同等重要，本节将针对"一带一路"多种灾害重叠的复合区域——中巴经济走廊、板块与地质构造活跃区域——伊朗高原、中亚－西亚地区典型干旱区域以及典型高寒复杂地质背景区域——青藏高原四大典型区域展开地震、地质、干旱多种灾害类型的风险评估。

3.3.1 中巴经济走廊滑坡灾害风险评估

中巴经济走廊地处板块碰撞交界区、地质构造活跃区、海拔垂直分异剧烈区，同时该区域河网密度大，多分布软质岩，易引发地质灾害，如滑坡灾害，对铁路公路及基础设施建设与安全运维造成极大威胁。中巴经济走廊是"一带一路"的重要组成部分，因此，开展"中巴经济走廊"滑坡灾害风险评估对中巴经济走廊的经济发展、人民生命财产安全保障及灾害监测预警意义重大、需求迫切。

1. 评估方法与结果

中巴经济走廊危险性评估体系主要包含 3 种指标因素：灾害历史因素、基本环境因素和诱发因素。灾害历史因素是已经发生过的地质灾害的情况，包括历史地质灾害密度、规模、频率等；基本环境因素是指确定一个地区地质环境条件和地质灾害发生背景的基本地质因素，包括工程地质岩组、地形地貌、地质构造等；诱发因素指诱发地质环境向不利方向演化甚至导致地质灾害发生的各种外动力因素，主要因素为降水。通过遥感解译和实地调查，获得中巴经济走廊全区域的交通道路网，将全区域分为 147 个小区域。通过因子叠加方法，计算中巴经济走廊危险度空间分布，将归一化的评估结果分为极高、高、中、低、极低 5 个等级：$0 \sim 0.20$ 为极低危险、$0.2 \sim 0.40$ 为低危险、$0.40 \sim 0.50$ 为中危险、$0.50 \sim 0.60$ 为高危险、$0.60 \sim 1.00$ 为极高危险，划分结果如表 3.5 所示。

表 3.5 中巴经济走廊全区域滑坡风险评价结果统计表

评价统计结果	等级	区域数量统计
危险性	极低危险	45
	低危险	58
	中危险	14
	高危险	18
	极高危险	12
易损性	极低易损	47
	低易损	29
	中易损	35
	高易损	23
	极高易损	13
风险	极低风险	45
	低风险	36
	中风险	23
	高风险	28
	极高风险	15

中巴经济走廊易损性评估选取能够直接反映当地易损性特征的因素作为该区域的易损性评价因子，主要包括物质、经济和社会指标。①物质指标：交通设施作为物质易损性重点考虑对象，交通设施主要涉及道路与铁路，道路又分省级道路、县级道路、乡级道路及其他民间道路；而这些地面交通设施在遭受滑坡时的破坏方式主要表现为淤埋或

者冲毁。②经济指标：选取 GDP 作为代表经济易损性的综合因子，在表征区域易损性的过程中，一般表现为评估单元经济越发达收入越高的区域当遭受山地灾害威胁时，受到的损失也将会越高。③社会指标：社会易损性主要考虑到该区域内所有的人口，当然还包含这些潜在受灾人群的社会结构，如人口密度、人口年龄结构、人口受教育程度等因素。

在综合分析中巴经济走廊全区域易损性形成机制的基础上，以生命和财产作为易损性的衡量标准，建立了评价因子体系。人口易损性和经济与生态环境易损性之间是互为补充的并列关系，表示为相加的和函数形式；而危险源和易损性之间是相互依存的关系，表示为相乘的积函数形式。同时考虑评价单元内生命和财产与易损性的关系，并不是简单的线性函数，一个地区经济越发达人口密度越大，对于防灾减灾的投入也就越大，抗灾能力也就越强，在此选择指数在 0 ～ 1 范围内的幂指数函数来表征这一趋势，能更好地反映实际情况。

基于上述山地灾害风险评价的模型与方法，利用 ArcGIS 进行综合计算分析，最终得到中巴经济走廊全区域内地质灾害风险指数，据此绘制了中巴经济走廊全区域滑坡灾害风险评价区划图（图 3.8）。由图 3.8 可知，在中巴经济走廊全区域内，北部的部分区域风险较高，东南方向的部分区域风险较低，全部 147 个区域的统计结果见表 3.5 所示。

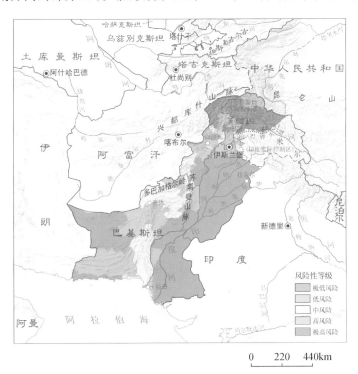

图 3.8　中巴交通廊道滑坡风险分布图

2. 对策与建议

针对低及较低风险区：若因低危险性而造成该区域滑坡风险程度低，可考虑进行重大基础设施的建设，但也应考虑其他灾种。若是由于承灾体少造成的低风险，则需要根据灾害危险性的具体情况谨慎进行规划，防止因大量建设导致风险升高。

针对中风险区：该区域在灾害或扰动下的风险程度中等，可能发生中等频率的滑坡灾害，该等级下的交通设施及居民地会受到一定程度的滑坡灾害威胁，需要设置长期的观测点，及时发布监测预警信息，提早开展防护措施。在这些区域应谨慎地进行建设，避免将高价值的设施建立在这些区域中，若不可避免，则应采取全面和高标准的预警防治措施。

针对高与极高风险区：该区域在灾害体作用下的风险影响高，一般来说极易发生高频率的滑坡灾害，或暴露在滑坡下的承灾体价值极高，因此需做好应急规划，并尽量对高价值的承灾体采取搬迁措施。建议禁止在该区域建设基础设施，并谨慎考虑建设交通工程选线，如不能避免，可考虑使用隧道避过滑坡危险区。

3.3.2 青藏高原灾害风险评估

青藏高原作为"世界屋脊"、"第三极"和"亚洲水塔"，具有复杂的地质构造条件、水文气象背景，也是冰冻灾害、地质灾害、气象灾害的敏感区与易发区，随着川藏铁路等一批世纪工程的修建，针对青藏高原的灾害风险评估是"一带一路"灾害风险评估中的重要工作。本节将从青藏高原典型的地质灾害（滑坡、泥石流、山洪）以及气象灾害（雪灾、旱灾）出发，综合考虑各种灾害类型的危险性、易损性，开展青藏高原灾害风险评估。

1. 危险性评估结果

针对不同灾种，对青藏高原地区评估其危险性。滑坡、泥石流高危险区主要分布在藏东南、川西地区和青海东部地区，尤其是雅鲁藏布江中游地区、三江地区、横断山脉地区和湟水河流域；低危险区主要分布在羌塘高原和柴达木盆地等高原腹地。山洪灾害高危险区主要分布在高原东部昆仑山东段、祁连山地区、甘南高原西部、西藏一江两河和南部边缘地区，以及唐古拉山部分地区；青海南部、川西高原东部、柴达木盆地边缘山地、西藏西南部和中部山地地区次之；低危险区主要分布在西藏北部地区和新疆南部地区。旱灾高危险区集中分布于河湟谷地、柴达木盆地、共和盆地、河西走廊、阿尔金山麓；低危险区位于藏南谷地、川西高原、松潘高原、横断山脉。积雪灾害高危险区主要集中在喀喇昆仑山北部的塔什库尔干、叶城、皮山等3县；中危险区主要分布在青海南部高原、西藏南部地区及四川西北部地区；微度（低）危险区为羌塘高原和柴达木盆地。

2. 多灾种自然灾害易损性评估结果

1）山地灾害易损性评估结果

选取人口密度、土地利用类型、农林牧渔业、人均GDP等4项综合指标进行山地灾害易损性评估，分别将区域受灾人口和财产分布指标的易损性划分为 4 个等级；叠加人口易损性和财产易损性，形成高度易损、中度易损、低度易损和微度易损 4 级灾害易损性等级。青藏高原山地灾害高度易损区主要分布在青藏高原东南部高山峡谷区，由于受环境条件限制，承灾体（农用地、人口聚集地、山区道路）暴露性和敏感性较高，对山地灾害的抗灾能力较低，成为山地灾害易损性的高值中心。低度和微度易损区主要分布于青藏高原北部与东北部地区。这些地区人口稀少、经济活动较少，承灾体物理暴露性和敏感性较低。

2）旱灾与雪灾易损性评估结果

从环境敏感性、承灾体暴露性及其抗灾力等方面选取人口密度、单位面积牲畜数、耕地面积、农业产值比例、牧业产值比例、 旱地面积比例、 草地面积比例、 粮食单产量、大牲畜比例、农牧民人均纯收入等 12 项指标进行旱灾与雪灾易损性评估（赵志龙等，2013；Liu *et al.*，2014）。旱灾与雪灾高度易损区分布于青南高原、川西高原西北部和甘肃南部， 这些地区承灾体暴露性和敏感性较高，抗灾能力较低，成为灾害易损性的高值中心。低度与微度易损区主要分布在藏南谷地、柴达木盆地、青海湖盆地和川西高原西南部， 这些地区旱灾承灾体物理暴露性和敏感性较低，抗灾能力较强。

3）青藏高原多种自然灾害综合风险评估结果

在单灾种风险评估基础上，利用 GIS 空间叠置分析方法，叠加青藏高原山地灾害、旱灾与雪灾的风险度，得到青藏高原山地灾害与气象灾害的综合风险值（图 3.9）。利用自然断点法确定青藏高原区灾害综合风险度的自然转折点和特征点，计算获取的分界点分别为 0.60、0.40 和 0.25，按高度、中度、低度、微度 4 个风险级别进行分级，风险分区特征见表 3.6。

风险等级

■ 微度风险
■ 低度风险
□ 中度风险
■ 高度风险

0　140　280km

图 3.9　青藏高原自然灾害综合风险评估

表 3.6　青藏高原灾害综合风险分区特征

风险等级	面积 /km²	比例 /%	空间分布与危害特征
微度风险	300501.50	11.55	微度风险区主要位于青藏高原北部与西北部，包括西藏北部与新疆南部地区，该区人口稀少，经济活动极少，受地形、气候影响，该区各类灾害分布很少，灾害综合风险最小
低度风险	979800.75	37.64	低度风险区主要位于青藏高原中部地区，包括西藏中北部与青海西南部地区。该区干旱灾害危险性较大，但人口分布较少，对人类经济活动的影响较小；其他灾害分布较少，灾害综合风险值较低
中度风险	787683.75	30.26	中度风险区主要位于青藏高原中南部、中西部及东北部地区，包括西藏南部、青海北部及四川西北部地区，该区人口分布较多，交通干线分布广泛，农牧业发达，受气候、地形、地质影响，滑坡、泥石流、山洪、雪灾等灾害分布广泛，影响当地的农业生产及其他经济活动
高度风险	534830.50	20.55	高度风险区主要位于青藏高原东部、南部边缘地区，包括横断山区、西藏东南部等，该区人口稠密，农牧业发达，经济活动强烈，地形起伏大、降水丰沛，滑坡、泥石流、山洪、堰塞湖等灾害分布广泛，严重影响当地的农业生产及其他经济活动，灾害风险较高

3. 对策与建议

青藏高原人口密集的河谷区地形陡峻，可利用土地资源有限且难以避开山地灾害的危险区；以畜牧业为主的高原区水热条件较差、生态脆弱，草场易于退化且恢复难度大。因此，需要根据青藏高原资源条件和灾害发育区域特征，对于不同区域确定相应的合理开发度和开发利用模式，把生态环境保护和减灾防治需求作为开发活动的控制因素，树立局部利益与整体利益兼顾、当代发展与永续利用并重、近期效益与长期安全共享的理性开发意识，遵循合理适度的原则，提高灾害风险防范能力，严格限制无序无度的开发和扰动，以保障安全与持续发展。

如果对潜在灾害的判识和潜在风险的评估重视不够，会导致在灾害勘查过程中对潜在灾害风险判识不准，不能完全满足工程选线、选址和设计的需求，进而影响到工程的减灾效果，埋下安全隐患。因此，公路、铁路、电站、厂矿等重大工程建设时，必须高度重视灾害调查与勘查，获取扎实的第一手资料，这样才能较好地判识灾害风险，为工程设计提供合理可信的灾害信息，尽量从工程规划和设计源头上避免和减轻灾害，确保新建工程的抗灾能力和运营安全。

3.3.3　伊朗高原区域地震灾害风险评估

伊朗高原地处板块交界区域，地质构造活跃、地震灾害频发，以伊朗作为伊朗高原典型区域开展地震风险评估。综合考虑伊朗国情，建筑类型多为砖混结构、土坯房、石砌结构和钢结构，以各建筑类型的数量、价值及其损失率曲线作为评估因子，建立伊朗各类建筑受地震灾害损失评估与地震灾害风险评估（图3.10）之间的联系。伊朗东南部和西北部是地震风险总体较高的地区。地震风险较高的省包括西阿塞拜疆省、克尔曼沙阿省、亚兹德省、南呼罗珊省、锡斯坦－俾路支斯坦省和霍尔木兹甘省；东阿塞拜疆省、胡齐斯坦省和戈莱斯坦省的地震风险较低；首都德黑兰为中地震风险区。

在伊朗，除东阿塞拜疆省、胡齐斯坦省和戈莱斯坦省之外，其他省份的主要建筑和经济设施都应覆盖地震保险；其中西阿塞拜疆省、克尔曼沙阿省、亚兹德省、南呼罗珊省、锡斯坦－俾路支斯坦省和霍尔木兹甘省的所有建筑和经济设施都应覆盖地震保险。西阿塞拜疆省和克尔曼沙阿省应通过合理规划，做好抗震设防和经济设施避让地震危险区的措施。在具体措施上，可以采取新建建筑物和基础设施活断层避让、不利建筑场地避让，现有建筑物和基础设施的抗震加固、危旧房拆除改造等，以及地震应急准备、防灾减灾宣传等。

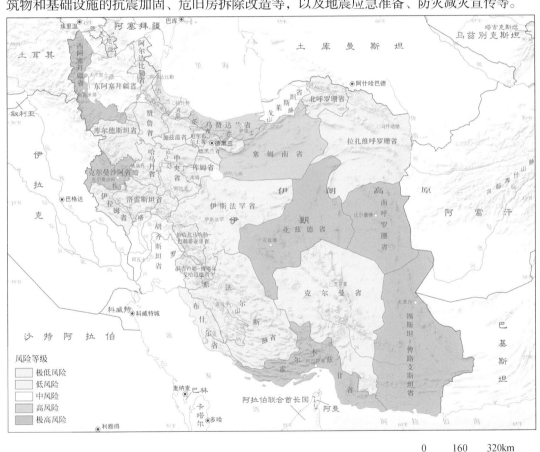

图3.10 伊朗高原地震风险图（50年超越概率10%的地震造成的经济损失）

3.3.4 中亚－西亚地区干旱灾害风险评估

亚洲中部与西部地区（中亚－西亚地区）地处亚热带与温带大陆性干旱与半干旱气

候，全年降水较少，易发生干旱灾害，造成该区域内粮食供应短缺、城市用水紧张等问题。为此，本书基于 1961～2016 年干旱指数 SPEI，计算中亚－西亚地区干旱灾害危险度。同时，利用农作产量、灌溉面积百分比反映农业受降水影响状态，利用人口密度与 GDP 指标宏观反映社会经济发展与人口变化程度，利用归一化植被指数反映植被长势和生态状况，整合得到中亚－西亚地区干旱脆弱性空间分布。最终，结合加权综合的方法叠加危险性与脆弱性得到中亚－西亚地区干旱风险评估结果。该结果能够反映灾害发生的频次、强度及承灾体承受干旱的能力，展示干旱灾害对中亚－西亚地区造成的可能的危害等级与空间分布，评估结果如图 3.11 所示。

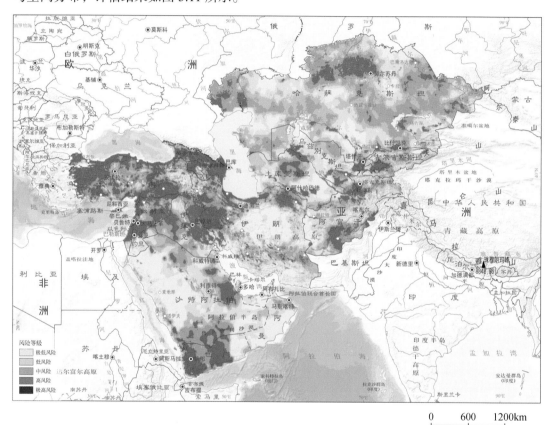

图 3.11 中亚－西亚地区干旱风险评估空间分布

从图 3.11 中可以看出，环里海、黑海、地中海、红海的亚细亚半岛地区，伊朗高原北部地区，以及阿拉伯半岛地区等呈现极高的干旱灾害风险，而在中亚的极高风险区域则呈现零散分布的特点，部分位于哈萨克斯坦北部与东南部等地区。

针对中亚－西亚地区干旱风险，除了不可控的气象因素外，还可以通过以下方式降低干旱风险程度：归一化植被指数较低地区调整植被长势，适当增加植被覆盖度，充分利用植被对土壤水分的存储以及对局部气候的调节作用；调整灌溉作物比例，提升作物灌溉技术，多利用滴灌、喷灌等节水灌溉方式；增加城市节水宣传，提高循环水、中水使用比例，合理分配水资源等。

3.4　典型社区灾害风险评估

全区域、大尺度的自然灾害风险评估能够在宏观层面为"一带一路"各地区防灾减灾预案的制订、救助资源的分配提供数据基础与方向性的贡献，而针对典型社区或典型灾害案例的自然灾害风险评估则能够为"一带一路"政府提供具体的、针对性的防灾减灾措施与灾后救助方案参考。因此，本节针对"一带一路"地区典型灾害类型（泥石流灾害），开展群发性泥石流风险评估与参与式灾害风险评估。通过中国四川清平场镇和甘肃武都泥湾沟的案例分析，提出针对性的风险管理、防灾减灾措施，为"一带一路"各地区泥石流灾害防治提供参考。

3.4.1　群发性灾害风险评估：四川省绵竹市清平场镇群发性泥石流风险评估

受山区地形限制，一些山区城镇往往选择建在相对平坦的多条泥石流沟的联合堆积扇上，这些泥石流沟在局地性暴雨激发下极易同时暴发泥石流，形成群发性泥石流灾害。因此，在评估这类山区城镇泥石流风险时，需要考虑多条沟谷同时或相继发生泥石流所造成的危害。另外，城镇受灾的对象和形式也比较复杂，有直接冲毁和淤埋，也有生命线受损后的次生影响，还有河道淤积或堵塞造成的链生灾害。

这类山区城镇面临的大规模群发性泥石流带来的灾害链生性、延拓性和叠加性问题，可以基于成灾过程结合数值模拟的手段，开展山区城镇泥石流危险性分析方法。用泥石流的动能来表征泥石流的冲击破坏能力，用泥石流泥深来表达泥石流淤埋危害程度，用洪水流深与淹没深度来表示堰塞湖对城镇的损坏能力，实现群发泥石流危险性定量分区。

2010 年 8 月 13 日，受四川省"5·12"汶川地震灾区强降水影响，绵竹市清平场镇内 21 条泥石流沟同时爆发泥石流（图 3.12），形成长 3.5km、宽 400～500m，最大厚度约 13m 的泥石流淤泥区，造成 14 人死亡或失踪、33 人受伤、379 户房屋受损，严重威胁清平场镇人民生命财产安全。

除了单个泥石流的冲毁和淤埋危害以外，群发性泥石流还具有如下特点：

（1）两个或多个相邻或相向泥石流沟的堆积物可能会互相叠加，增大泥石流的淤埋风险；

（2）上游的泥石流可能堵江，其溃决洪水会对城区造成淹没灾害，如果城区的泥石流已经淤积河道，则会抬高水位，进一步加剧城区的洪水灾害；

（3）城区下游的堰塞湖会形成回水并淹没主城区。

针对山区城镇泥石流的孕灾环境、致灾因子和承灾体的社会经济状况，基于泥石流运动数值模拟、洪水计算、遥感和地理信息系统技术，完成了对山区城镇群发性泥石流风险分析与风险区划方法（Cui *et al.*，2013）。该方法包括空间属性数据采集、评估指标体系构建、风险度计算、风险度分级、风险评估和风险图编制等内容。

评估结果如图 3.12 所示，在本次群发性泥石流灾害事件中，高风险区占总受影响

(a) 泥石流灾害

(b) 风险评估结果

(c) 灾害重建

图 3.12　清平场镇群发泥石流风险评估结果

面积的 33.4%，即 83.7 万 m²，中风险区为 79.2 万 m²（31.6%），低风险区为 87.5 万 m²（35.0%）。一方面，高风险区主要分布在受溃坝洪水影响的低海拔地区和受泥石流冲击的泥石流沟出口。另一方面，高海拔地区一般处于洪水泥石流无法到达的低风险区。风险评估的结果，可作为清平场镇泥石流灾害风险控制和防灾减灾的参考，减灾工程安排时应该优先考虑对高风险区和中风险区采取有效的减灾措施。同时，还可以依据该风险分析结果，制订清平场镇泥石流风险管理的预案，包括灾害发生前的日常风险管理（预防与准备），灾害发生过程中的应急风险管理和灾害发生后的恢复和重建过程中的危机风险管理，以降低山区城镇遭受泥石流灾害的风险。

目前，清平场镇经过改造后已完成了大部分的恢复重建工作（图 3.12），而风险评估结果也已成为新城设计中的一项重要指标，如土地利用是根据评估的风险水平来规划的。为了避免潜在的人员伤亡，大多数高风险地区现在都改种农田。为了减少潜在的损害，新的道路选线提高了线位，工程控制措施也已部署，以进一步控制整体灾害风险。这一案例在进行山区群发性泥石流灾害风险评估的同时，也展示了风险评估在灾区重建决策中的科学支撑。这一过程也适用于山区城镇规划与安全评估。

3.4.2　参与式灾害风险评估：甘肃武都泥湾沟泥石流风险评估

一些长期受到自然灾害威胁的偏远或者发展落后的社区，受限于科技水平，缺乏灾害信息。但是，这些地区在长期受灾中积累了丰富的避灾经验，使得基于参与式的地理信息系统（PGIS）评估方法能够得到很好的应用。PGIS 方法将传统的参与式信息方法和 GIS 强大的空间数据采集、分析，以及虚拟现实技术相结合，充分利用本地避灾经验和 GIS 技术，客观地对社区自然灾害风险进行动态评估。该方法有效地提高了灾害风险评估的精确度和科学化水平，是目前国际社区灾害风险评估倡导的一种方法和研究热点，特别适合于一些发展中国家或地区的社区。

泥湾沟，位于中国甘肃省陇南市武都区两水镇厚坝村，流域形态呈"扇形"，流域面积为 10.3km²，主沟长为 6.8km，相对高差为 1190m（图 3.13）。泥湾沟历史上曾多次

(a) 泥湾沟20年一遇　　　　(b) 泥湾沟50年一遇　　　　(c) 泥湾沟100年一遇
泥石流灾害风险分区　　　　泥石流灾害风险分区　　　　泥石流灾害风险分区

图 3.13　泥湾沟 20 年、50 年、100 年一遇泥石流灾害风险性分区图

发生灾害性泥石流，造成当地大量人员、房屋、农畜损失。随着经济的发展和人口的增长，沟口村庄规模迅速扩大。据统计，2009年以来，泥湾沟沟口新建了近一倍的房屋，社区暴露度增高、风险增大，急需科学合理的地质灾害风险评估和防治规划。

采用参与式灾害风险评估方法，通过多次实地调研、问卷调查和考察，收集整理了社区地形地貌、地质环境、社会经济、历史灾情、人员结构和房屋布局等信息作为数据基础，开展该社区泥石流灾害风险评估。

风险评估结果表明（图3.13），当遭遇20年一遇泥石流时，影响范围较小，泥石流在部分区域堆积高度达0.71m，大部分区域堆积厚度在0.5m以下；当遭遇50年一遇泥石流时，靠近泥湾沟排导槽左侧的房屋建筑受威胁最大，在回头弯处有大量泥石流向周边扩散，扩散出去的堆积体在部分区域堆积高度达2.01m，大部分区域堆积厚度为0.5～1m。泥湾沟堆积扇上约88.5亩（1亩≈666.7m²）的耕地会遭遇泥石流堆积体淤埋，据此预估价值约177万元的农作物面临泥石流灾害威胁。当遭遇100年一遇泥石流时，靠近泥湾沟出口石拱桥后排导槽左侧的房屋建筑受威胁最大，在回头弯石拱桥处有大量流体溢出向周边扩散，扩散出去的堆积体最大堆积高度达2.43m，大部分区域堆积高度在1～2m。泥湾沟堆积扇上约100亩的耕地会遭遇泥石流堆积体淤埋，据此预估约价值200万元的农作物面临泥石流灾害直接威胁。

泥湾沟社区需要基于泥石流灾害风险评估结果，修订社区地质灾害防灾减灾应急预案，同时将泥石流风险评估结果纳入村镇建设规划的工作中，建立应急避险路线和场地，杜绝在灾害高危险区新建房屋，积极开展自主防灾社区建设。

3.5 工程灾害风险评估

公路、铁路、水电站等重点工程作为社会与经济可持续发展的重要载体，是联系"一带一路"各国家与地区的重要途径。开展"一带一路"地区重点工程自然灾害风险评估，是保障区域重点工程安全运维、支撑待建或规划重点工程建设的重要手段。本节以中国-尼泊尔跨境公路与印度河水电设施作为典型案例，对工程沿线及周边地质灾害开展风险评估。

3.5.1 中国-尼泊尔阿尼哥公路地质灾害风险评估

阿尼哥（Araniko）公路作为中国和尼泊尔两国之间重要的交通要道，所跨地区地质构造活跃、地表隆升与构造变形均十分强烈，岩体多为软质岩且破碎严重，为地质灾害提供了适宜的灾变场所。阿尼哥公路自建成起，便经常受到地质灾害的影响而中断，严重阻碍了社会经济的可持续发展，因此对阿尼哥公路沿线地质灾害开展风险调查与评估迫在眉睫。

1. 阿尼哥公路沿线地质灾害危险性评估

本评估基于山地灾害各影响因素的单因子信息量图层，运用 ArcGIS 软件的空间分析功能，叠加各个因子分析结果，获得整个研究区域的综合信息量。信息量的数值越大，反映各因素对山地灾害发生的贡献率越大，发生山地灾害的危险性越大。依据自然断点法将山地灾害危险性指数划分为 5 级：极低危险、低危险、中危险、高危险和极高危险，绘制阿尼哥公路地质灾害危险性空间分布图。

基于危险性分级结果［图 3.14（a）］，分别统计各危险等级的公路长度可知，极高危险路段公路长度为 17.64km，主要分布在黎平—达达卡特里路段；高危险路段公路长度为 9.59km，主要分布在多拉加特—拉米丹达路段；中危险路段公路长度为 46.35km，主要分布在达达卡特里—拉莫桑古、苏库特—多拉加特、拉米丹达—桑加路段；低危险路段公路长度为 16.68km，主要分布在拉莫桑古—苏库特路段；极低危险路段公路长度为 18.01km，主要分布在桑加—加德满都路段。山地灾害危险路段统计结果见表 3.7。

表 3.7　山地灾害危险性等级路段统计

危险性等级	长度 /km	占总面积比例 /%
极低危险	18.01	16.63
低危险	16.68	15.41
中危险	46.35	42.81
高危险	9.59	8.86
极高危险	17.64	16.29

统计结果表明（表 3.7），研究区域大部分处于中危险以上，中危险、高危险及极高危险路段的长度占全线总长度的 67.96%，范围较大，在公路修复和重新规划建设中应重视该区域发生山地灾害的可能性。

2. 阿尼哥公路沿线地质灾害易损性评估

根据实地考察结果并结合遥感调查，沿线公路全线按照三级公路标准设计，且震后重建还未完工，除了大中桥的设计洪水频率是 100 年一遇，其他均按 50 年一遇标准修建。利用 ArcGIS 平台，基于震前 1∶50000 地形图，并查询相关勘察资料，以每 500m 为计算单元，统计每一单元路段及其对应的河段内的高程平均值，作为计算单元的路面高程和河底高程，按照道路山地灾害易损性分级标准，计算每一路段的易损度并划分为 5 个等级，获得公路易损性分级图（图 3.14）。

统计显示，属于极低易损路段总长度为 16.5km，低易损路段为 34.0km，中易损路段为 30.5km，高易损路段为 12km，极高易损路段为 18.5km。由图 3.14（b）可见，属于高易损和极高易损路段占道路全线的 27.4%，主要分布在塔托帕尼—科斯路段；中易损路段

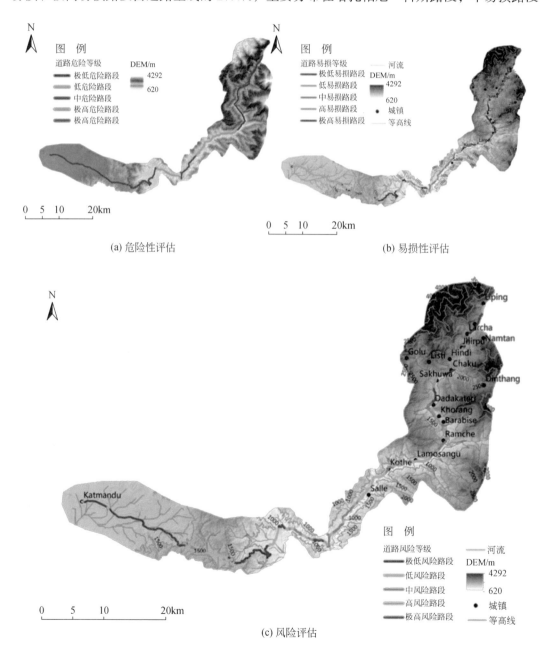

(a) 危险性评估

(b) 易损性评估

(c) 风险评估

图 3.14　阿尼哥公路南线地质灾害风险评估图

占道路全线的27.4%，主要分布在塔托帕尼—科斯路段；低易损和极低易损路段占道路全线的45.2%，主要分布在潘克哈尔—加德满都路段。

3. 阿尼哥公路沿线地质灾害风险评估

根据阿尼哥公路沿线山地危险性和易损性分析结果，对山地灾害危险性与公路承灾体易损性进行乘积运算，获取全线公路的山地灾害风险度值。依据沿线山地灾害致灾特征和承灾体易损特征，按极高风险、高风险、中风险、低风险、极低风险5个等级编制阿尼哥公路山地灾害风险分级图（图3.14）。统计结果表明：山地灾害风险区内，极高风险路段长度约12km，占公路总长度的10.8%；高风险路段长度约17km，占公路总长度的15.2%；中风险路段长度约19.5km，占公路总长度的17.5%；低风险路段长度约29.5km，占公路总长度的26.5%；极低风险路段长度约33.5km，占公路总长度的30%。

阿尼哥公路沿线山地灾害风险分析结果表明（图3.14），全线公路近半处于中度及以上风险级别，中风险、高风险及极高风险路段的长度占全线总长度的43.5%，其中，极高与高风险路段占全线总长度的26%，主要分布在靠近中国边境的黎平—拉姆奇路段，长度范围较大，在公路修复和新路选线中应注意该区域山地灾害的潜在风险。低风险区段的长度33.5km，占全线总长度的30%。对比分析山地灾害野外考察和遥感解译资料，与阿尼哥公路沿线实际山地灾害分布基本一致。

4. 对策与建议

结合中尼阿尼哥公路山地灾害发育特征，根据道路沿线滑坡、崩塌、泥石流等灾害分布情况，以及道路风险评估结果，对全线山地灾害减灾防灾提出建议。

1）正确认识，预防为主

对山地灾害的性质、类型、范围、规模、机理、动态、稳定性的正确认识是防治的基础。如果对斜坡变形的分析判断不准确，可能造成工程浪费，或因工程措施不足而造成灾害。斜坡变形灾害治理成本高、潜在危害重，因此在铁路、公路选线，厂矿、城镇及房屋建筑选址时，应尽量避开大型、复杂的滑坡崩塌区域，以及开挖后可能发生斜坡变形灾害的地段。在已变形的斜坡上设置观测点，安装变形监测设备，测量裂缝变化及斜坡变形数据；同时，定期到变形体及其四周进行巡视，掌握斜坡变形动态。

2）尽早治理，力求根治

山地灾害的发生与发展是一个由小到大逐渐变化的过程，最好是将灾害消灭在初始阶段和萌芽阶段，尽早治理，以免延误治理时机，耗费工程投资。对工程设施和人身安全危害较大的斜坡变形灾害，原则上都要力求根治，不留后患。防治措施不能只顾施工期和运营初期的安全，而不顾长期安全。要保证治理后的斜坡，在多种不利因素的组合下也能长期保持稳定。

3）全面规划，综合治理

对于规模巨大、性质复杂且变形缓慢的山地灾害，如果短期内难以查明其性质，也不会造成大的灾害，应做出规划，分期治理。斜坡变形灾害的防治是一项复杂的系统工程，从勘察、设计、施工到运营是环环相扣，有机联系的一个整体，应分阶段做出规划，提出要求，保证质量，分步实施，如一般应先做地表排水、充填地表裂缝、加强监测等应急工程，防止斜坡变形恶化；再做支挡结构等永久工程。防治工程除常用的土木工程措施外，还要结合生物工程措施、预警预报、合理农耕、行政管理等其他方法来进行综合治理。

4）技术可行，成本合理

山地灾害防治工程要求技术可行，成本合理。防治措施应考虑技术先进、耐久可靠、施工方便、就地取材和经济有效的手段，如对一般中小型滑坡，可用抗滑挡土墙或结合支撑盲沟，较为经济有效；对中大型滑坡则可采用抗滑桩或预应力锚索抗滑桩，当预应力锚索的锚固条件较好时，后者比前者可节约近30%的投资。

5）动态设计，科学施工

利用施工开挖查清变形斜坡的地质情况特征，据实调整设计方案，实现动态设计，这样更符合斜坡变形灾害治理的真实情况。同时，施工过程中还要根据斜坡变形的动态情况和监测数据合理调整施工顺序和方法，使设计、施工真正实现信息化和科学化。此外，需要保护森林植被，保护自然地质环境，防止因森林破坏而产生新的斜坡变形。

3.5.2 印度河迪阿莫－巴沙（Diamer-Basha）大坝灾害风险评估

1. 大坝核心区域地质灾害易发性评估

迪阿莫－巴沙大坝核心区域位于印度河上游流域（图3.15），通过调查、评估水电设施工程周边地貌稳定性，并针对性的优化完善措施风险防控，以保障工程的安全、稳定运行。本节主要选取面积－高程积分（HI）值和河流阶梯指数（SL）两个指标，结合地质灾害点和地质图综合分析迪阿莫－巴沙大坝核心区域的地质灾害易发性。

通过计算迪阿莫－巴沙大坝核心区域33个子流域的面积－高程积分值和面积高程积分曲线，发现迪阿莫－巴沙大坝核心区域整体的HI值为0.31，属于地貌演化的老年期。根据面积－高程积分曲线，将大坝核心区域的HI值分为稳定、复杂和活跃3级，结果发现干流印度河所在的各子流域HI值较大，而支流所在的各子流域HI值小。迪阿莫－巴沙大坝核心区域SL指数分布及分级（图3.16）结果表明，大坝核心区域内，河流阶梯指数普遍较低，从迪阿莫－巴沙大坝到库区起点位置的SL值为0～0.03，河流阶梯指数较小，反映出河段内河谷宽阔平缓的地貌特征。SL ≥ 0.2的支流处于接近流域边界的河流上游位置。

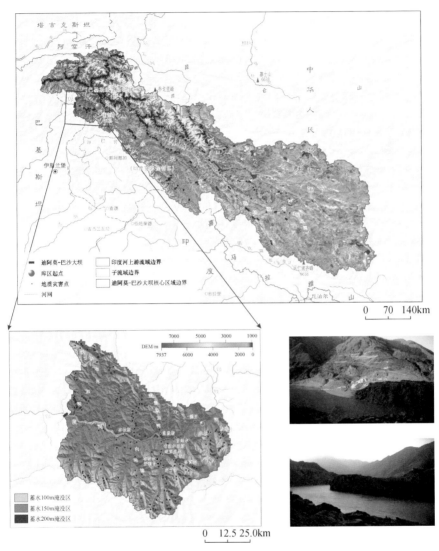

图 3.15　迪阿莫－巴沙大坝核心研究区

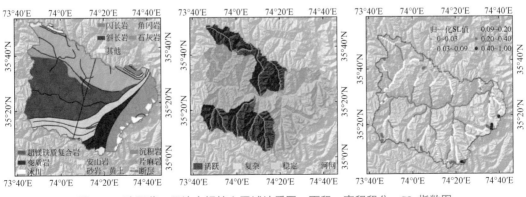

图 3.16　迪阿莫－巴沙大坝核心区域地质图、面积－高程积分、SL 指数图

通过迪阿莫－巴沙大坝核心区域的面积－高程积分、SL指数和地质灾害点叠加得到大坝核心区域的易发性评估结果（表3.8）。评估结果表明，大坝核心区域中处于稳定区的流域分布在河流主干道两侧，稳定区面积占总流域面积的23.2%，稳定区内的地质灾害点很少（12个）；处于复杂区的流域面积最大，占总流域面积的39.9%，其中的地质灾害点为69个；处于活跃区的流域面积占总流域面积的36.9%，处于活跃区流域中的地质灾害点最多（116个）。

表3.8　迪阿莫－巴沙大坝核心区域地貌易发性评估结果统计

易发性等级	流域个数	流域编号	面积/km²	面积占比/%	地质灾害点/个
高易发	9	1、2、10、16、22、23、29、30、31	1824.29	36.9	116
中易发	15	3、4、5、8、9、19、20、21、24、25、26、27、28、32、33	1970.93	39.9	69
低易发	9	6、7、11、12、13、14、15、17、18	1146.42	23.2	12

此外，本节对迪阿莫－巴沙大坝核心区域在不同情景下（蓄水100m、150m和200m）的淹没区进行了模拟（图3.17），3个蓄水淹没区均处于地质灾害低易发的区域。该区域河流阶梯指数值、面积高程积分值均较小，且面积高程积分曲线均呈下凹型。

2. 对策与建议

通过对印度河上游流域地质灾害易发性的评估，发现迪阿莫－巴沙大坝核心区域位于地质灾害低易发的区域；本节为了更详细探索迪阿莫－巴沙大坝核心区域地质灾害的易发情况，进一步将研究区缩小到拟建的迪阿莫－巴沙大坝库区所在的区域，运用地貌参数结合大坝的建坝参数更详细的分析大坝核心区地貌情况和地质灾害易发性，通过分析发现拟建的迪阿莫－巴沙大坝库区位于地质灾害低易发的区域，表明该库区的选址是合理的。

迪阿莫－巴沙大坝核心区域有断层和地质灾害的分布，这两个因素极大地阻碍了迪阿莫－巴沙大坝建设工作，因此需要采取有效的应对措施。活动性断层的活动会导致地表产生破裂而造成位移，这种位移远远超过建筑物可承受的变形范围，对于大型水电工程，特别对大坝等挡水建筑物是不可接受的（Troiani et al.，2014；樊云龙等，2018；苏琦等，2016），因此，水电工程在选址过程中要避开活动断层及与之有构造联系的分支断层（袁建新等，2016）。滑坡、崩塌、泥石流等地质灾害对水电工程的破坏性大，是水电工程建筑物、设施设备损坏的主要原因，是影响水电工程施工安全的重要因素（徐岳仁等，2013）。在水电工程选址时，对地质灾害坚持"选址避让，加强治理，应急管理"的原则，即选址中避开潜在的巨型、大型地质灾害体的直接影响；避不开的中、小型地质灾害体，要进行彻底的治理；考虑到地质灾害的不确定因素多，还要对枢纽区

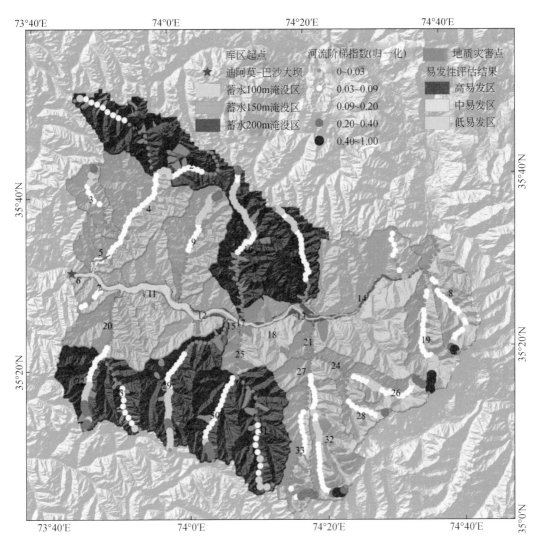

图 3.17 迪阿莫－巴沙大坝核心区域地貌稳定性评估结果

外围自然边坡采取必要的防护措施和应急预案等"软措施"进行灾害治理，将地质灾害对工程的不利影响降到最低（秦翔等，2017；徐伟等，2018；袁建新等，2016）。

参 考 文 献

崔鹏，胡凯衡，陈华勇，等. 2018. 丝绸之路经济带自然灾害与重大工程风险. 科学通报，63(11): 989-997.

崔鹏，苏凤环，邹强，等. 2015. 青藏高原山地灾害和气象灾害风险评估与减灾对策. 科学通报，60(32):

3067-3077.

杜悦悦, 彭建, 赵士权, 等. 2016. 西南山地滑坡灾害生态风险评价——以大理白族自治州为例. 地理学报, 71(9): 1544-1561.

樊云龙, 潘保田, 胡振波, 等. 2018. 云贵高原北盘江流域构造地貌特征分析. 地球科学进展, 33(7): 751-761.

冯金社, 吴建安. 2008. 我国旱灾形势和减轻旱灾风险的主要对策. 灾害学, (2): 34-36.

高中华. 2015. "一带一路" 发展战略与国际减灾合作. 中国减灾, 9: 22-23.

胡胜, 曹明明, 李婷, 等. 2014. 基于 AHP 和 GIS 的陕西省地震次生地质灾害危险性评价. 第四纪研究, 34(2): 336-345.

刘大文. 2015. "一带一路" 地质调查工作刍议. 中国地质, 42(4): 819-827.

毛星竹, 刘建红, 李同昇, 等. 2018. "一带一路"沿线国家自然灾害时空分布特征分析. 自然灾害学报, 2018, 27(1): 1-8.

那日苏, 玉山, 包玉龙. 2016. 基于 GIS 的阿尔山市洪涝灾害风险评估与区划研究. 内蒙古科技与经济, (11): 39-41.

裴艳茜, 邱海军, 胡胜, 等. 2018. "一带一路" 地区滑坡灾害风险评估. 干旱区地理, 41(6): 1225-1240.

秦翔, 施炜, 李恒强, 等. 2017. 基于 DEM 地形特征因子的青藏高原东北缘宁南弧形断裂带活动性分析. 第四纪研究, 37(2): 213-223.

邱海军. 2012. 区域滑坡崩塌地质灾害特征分析及其易发性和危险性评价研究. 西安: 西北大学博士学位论文, 90-93.

苏琦, 袁道阳, 谢虹. 2016. 祁连山—河西走廊黑河流域地貌特征及其构造意义. 地震地质, 38(3): 560-581.

徐伟, 袁兆德, 刘志成, 等. 2018. 中条山北麓河流地貌参数及其新构造意义. 干旱区地理, 41(5): 1009-1017.

徐岳仁, 何宏林, 邓起东, 等. 2013. 山西霍山山脉河流地貌定量参数及其构造意义. 第四纪研究, 33(4): 746-759.

闫淑春. 2005. 我国干旱灾害影响及抗旱减灾对策研究. 北京: 中国农业大学硕士学位论文.

杨冬冬, 胡胜, 邱海军, 等. 2017. 基于模糊层次分析法对"一带一路"重要区域地质灾害危险性评价——以关中经济区为例. 第四纪研究, 37(3): 633-644.

杨涛, 郭琦, 肖天贵. 2016. "一带一路"沿线自然灾害分布特征研究. 中国安全生产科学技术, 12(10): 165-171.

殷坤龙. 2010. 滑坡灾害风险分析. 北京: 科学出版社.

袁建新, 易志坚, 王寿宇. 2016. 青藏高原及其周边地区水电工程建设中的地质挑战. 工程地质学报, 24(5): 847-855.

张吉军. 2000. 模糊层次分析法 (FAHP). 模糊系统与数学, 14(2): 80-88.

赵志龙, 张镱锂, 刘峰贵, 等. 2013. 青藏高原农牧区干旱灾害风险分析. 山地学报, 31(6): 672-684.

Beck U, Lash S, Wynne B. 1992. Risk Society: Towards a New Modernity. Thousand Oaks: SAGE Publications Inc.

Burby R J. 1991. Sharing Environmental Risks: How to Control Governments' Losses in Natural Disasters.

Boulder: Westview Press.

Cui P, Zou Q, Xiang L, *et al.* 2013. Risk assessment of simultaneous debris flows in mountain townships. Progress in Physical Geography, 37(4): 516-542.

Cheng K Y , Hung J H , Chang H C , *et al.* 2012. Scale independence of basin hypsometry and steady state topography. Geomorphology, 171-172: 1-11.

Chung C J F, Fabbri A G. 2003. Validation of spatial prediction models far landslide hazard mapping. Natural Hazards, 30(3): 45l-472.

Dehbozorgi M, Pourkermani M, Arian M, *et al.* 2010. Quantitative analysis of relative tectonic activity in the Sarvestan area, central Zagros, Iran. Geomorphology, 121(3-4): 329-341.

Eastman J R, Emani S, Hulina S, *et al.* 1997. Applications of geographic information systems (GIS) technology in environmental risk assessment and management. In: Clark Labs for Cartographic Technology (ed). The Idrisi Project. Worcester, Massachusetts: UNEP: 1-10.

Geach M R, Stokes M, Hart A. 2017. The application of geomorphic indices in terrain analysis for ground engineering practice. Engineering Geology, 217: 122-140.

Granger K. 2003. Quantifying storm tide risk in Cairns. Natural Hazards, 30(2): 165-185.

Holton G A. 2004. Defining risk. Financial Analysts Journal, 60(6): 19-25.

ISDR. 2004. Living with Risk: A Global Review of Disaster Reduction Initiatives, International Strategy for Disaster Reduction. London: BioMed Central Ltd.

Kanungo D P, Arora M K, Gupta R P, *et al.* 2008. Landslide risk assessment using concepts of danger pixels and fuzzy set theory in Darjeeling Himalayas. Landslides, 5(4) : 407-416.

Liu J Q, Duan Y W, Hao G, *et al.* 2014. Evolutionary history and underlying adaptation of alpine plants on the Qinghai-Tibet Plateau. Journal of Systematics and Evolution, 52(3): 241-249.

Nadim F, Kjekstad O, Peduzzi P, *et al.* 2006. Global landslide and avalanche hotspots. Landslides, 3(2): 159-173.

Peduzzi P, Dao H, Herold C, *et al.* 2002. Global risk and vulnerability index trends per year (GRAVITY), Phase II: development, analysis and results, scientific report UNDP/BCPR. UNEP: Geneva, Switzerland

Petley. 2012. Global patterns of loss of life from landslides. Geology, 40(10): 927-930.

Qiu J. 2014. Landslide risks rise up agenda. Nature, 511 (7509) : 272.

Troiani F, Galve J P, Piacentini D, *et al.* 2014. Spatial analysis of stream length-gradient (SL) index for detecting hillslope processes: a case of the Gállego River headwaters (Central Pyrenees, Spain). Geomorphology, 214: 183-197.

UNISDR. 2009. Terminology on Disaster Risk Reduction. http://www.unisdr.org/we/inform/terminology [2021-06-14].

Westen C J V, Castellanos E, Kuriakose S L. 2008. Spatial data far landslide susceptibility, hazard, and vulnerability assessment: An overview. Engineering Geology, 102(3): 112-131.

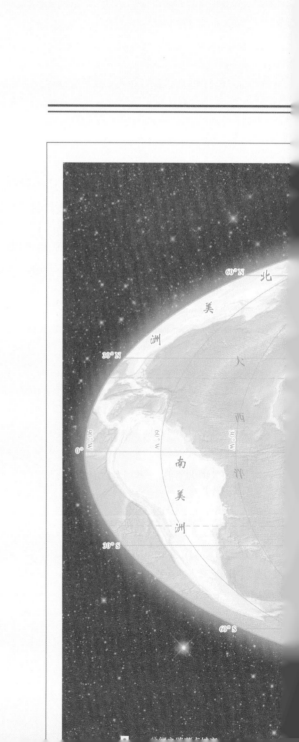

灾害风险管理　第4章

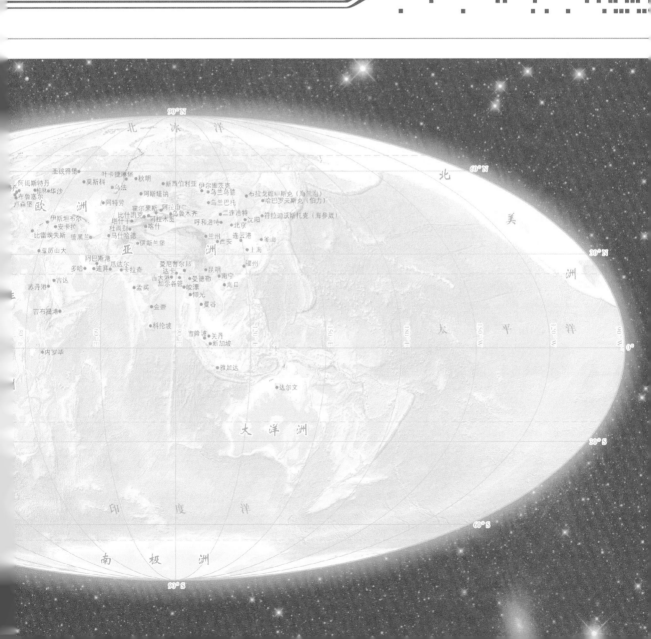

"人类文明的发展史，就是人类与自然灾害的抗争史"

——崔鹏

纵观历史，自然灾害经常威胁人类社会，制约人类发展；同时，人类在发展的过程中是不会坐以待毙的，从古至今一直在与自然灾害对抗，人类活动也对灾害造成了影响，这种影响既有正面的也有负面的。因此，协调处理好人类与自然灾害的关系是十分重要的。为全面提高"一带一路"国家和地区抵抗灾害风险的能力，人们在正确处理灾害与社会经济发展的基础上，客观认识区域内灾害分布与风险特征，总结防灾减灾经验，并结合各个国家地区的社会经济水平，正确认识不同地区灾害危害性、灾害风险程度等，在科学灾害风险评估的基础上，整合各方资源，建立高效合理的灾害风险管理体系。

4.1 从灾害管理到灾害风险管理

现代社会中，随着灾害风险区的人口资产密度提高，生产经营模式改变，以及社会正常运转对生命线系统依赖性越来越大，一旦遭受超设防标准的灾害，其危及范围可能远远超出灾害自身范围，造成的间接损失可能大大高于直接损失。这种情况下，大幅提高灾害设防标准面临更多制约，且与资源、环境、景观、生态的矛盾也更为凸显，而局部过于提高标准还可能意味着风险的转移，即所谓"以邻为壑"。

传统的灾害管理，主要是准备和应对灾害发生时的紧急情况及灾害发生后的恢复重建，涉及准备和应对灾害，以及灾害恢复措施的组织、实施和规划。灾害管理的重点是在灾害发生前后采取行动对策、组织和管理资源、响应灾害和初步恢复，其成功与否直接关系到人民的生命和财产安全，以及灾后恢复重建的顺利开展。因此，完善健全应急管理能力是传统灾害管理的工作重点。

随着人们对灾害风险概念的理解加深，人们逐渐意识到虽然无法完全避免洪水、地震、滑坡等自然灾害的发生，但是可以通过采取措施降低灾害风险，减少灾害给人们带来的影响。因此，人们对自然灾害应对的策略重心逐渐由传统的灾害管理过渡到灾害风险管理，旨在防止灾害发生或者降低灾害风险。

将工作重点从传统的灾害管理转移到灾害风险管理是一个概念上的全新改变。传统的灾害管理是为减少灾害的影响做准备，是被动的响应灾害，而灾害风险管理则是主动的应对灾害。根据联合国减灾署对灾害术语的定义（UNDRR terminology）（United Nations，2016），灾害风险管理是运用减少灾害风险的政策和策略，减少已有的灾害风险，管理剩余风险，防范新的灾害风险，增强抗灾能力，减少损失；包括前瞻性灾害风险管理、纠偏性灾害风险管理和补偿性灾害风险管理等几类。因此，灾害风险管理是一个包含了预防灾害、减轻灾害风险和响应灾害相结合的完整过程，是通过有效的组织、协调资源来防控灾害风险（图 4.1）。目前大多数发达国家已从传统的灾害管理转向现代的灾害风险管理，用更加全面和全新的视角关注灾害和灾害风险。

图 4.1　灾害风险管理圈（据 UN-SPIDER，2019）

联合国一直在努力推进减少灾害和灾害风险的框架协议，过去 25 年中，联合国连续通过了《2005—2015 年兵库行动框架：提高国家和社区的抗灾力》（UNDRR，2005）和《2015—2030 年仙台减少灾害风险框架》（UNDRR，2015）等全球性的减灾框架协议，全球、区域、国家和地方各层面利益相关方在减灾方面合作发挥了关键的指导作用，明确减轻灾害风险是全世界的当务之急。然而，国际层面的努力与共识在区域和地方尺度的实施过程中，产生实质性的减灾成果不足，仍有改进的空间。因此，在"一带一路"地区需要综合考虑经济社会发展水平差异性、自然灾害区域特征性和孕灾承灾环境多样性等现状，提出适合该区域灾害风险管理的区域模式。

灾害风险管理模式是由灾害风险管理理论过渡到灾害防控实践之间的中间环节，是一般性和特殊性的衔接。每种模式的解释都受到时间空间限制，当时空发生变化时，旧的模式就需要根据新的时空特征发生变化，这是一个动态的过程。"一带一路"地区灾害风险管理模式，是在灾害风险管理理论的基础上总结凝练，结合区域灾害分布和灾害风险程度，根据每个国家实际情况的变化随时调整要素与结构，整合出的一套动态灾害风险管理的基本思想和方式，具有一般性、简单性、重复性、结构性、可操作性的特征。灾害风险管理模式旨在通过这一种成型的、能供人们直接参考运用的完整的管理体系，来发现和解决灾害风险管理中的问题，规范管理手段，完善灾害风险协同管理机制，帮助联合国灾害风险管理目标在"一带一路"地区的落地实施，从而更有效、更实质性的实现防灾减灾的目标，提高区域抵抗灾害风险能力，实现区域的可持续发展。

4.2 "一带一路"灾害风险管理面临的挑战

灾害风险管理模式需要充分利用灾害风险评估结果，结合地区灾害风险管理特征，才能发挥其最大效用，从而更好地服务于防灾减灾事业。"一带一路"地区跨多个经度带、气候区与地形地貌区，灾害类型多样。因此，"一带一路"灾害风险管理模式需要结合灾害特征，以灾害风险评估结果为科学支撑，服务于跨境地区防灾减灾目标。

4.2.1 现阶段风险管理

第2章介绍的"一带一路"灾害综合分区结果展示了各国境内的典型灾害，其中已有一些国家面对这些灾害采取了一系列的灾害风险管理措施，并针对本国经济水平与科研技术储备，对其遭受的典型灾害的预防预警、灾中救援与减缓、灾后恢复重建，逐渐积累出了各自独特先进的灾害风险管理理念与技术。

1. 意大利地质灾害风险管理

意大利国家研究委员会与欧盟针对地质灾害预警、应急与救援等全过程，开发了一套地质灾害监测预警与信息共享技术——MAppERS（http://mappers.isig.it），并将该技术嵌入智能手机中，利用智能手机的位置服务功能使民众可以实时共享政府与其他民众的灾情信息；同时，利用智能手机对民众进行灾害预警培训，及时发布灾害防治政策、监测预警、应急救援与灾后恢复信息，加强公众在地域管理和减轻灾害风险方面的积极性与参与感。该项技术已成熟应用于意大利民众中。

2. 英国洪水灾害风险管理

英国境内典型的灾害类型是气象灾害，以洪水、干旱与高温热浪为主。英国为加强灾前防御、灾种应急救援能力，以及灾后恢复能力，采取"属地原则"的灾害风险管理模式，即"中央－地方"两级管理，中央一级设立临时机构与专业机构，只有面临重大灾害事件时才启动，由各部大臣等官员构成，负责全国防灾减灾政策与应急指导；地方一级由市、郡或县主要官员领导，设立"突发事件计划官"，制订"金－银－铜"3 种等级应急处置机制，优化了自上而下的"指挥－执行"冲突（Department for Environment Food & Rutal Affairs，2014）。

3. 尼泊尔地震风险管理

尼泊尔位于喜马拉雅山脉中部，由于印度板块向亚欧板块俯冲碰撞，喜马拉雅山脉正以极快的速度不断地进行造山运动。这一构造过程也造成了各种地质和水文灾害，其中以地震灾害影响最大。受制于尼泊尔的国力水平，其灾害风险管理始于 1988 年 Udaypur 地震。1993 年，尼泊尔成立了国家地震技术协会（NSET），通过地震风险评估，建立了多个国家级减灾计划，并制订了抗震建筑设计规范，通过深入社区教育来提高人民对地震灾害的认知，旨在通过低成本的手段来减少地震灾害影响（Dixit，2003）。

4. 欧盟国家间协作的灾害风险管理

以上案例是对于某一个国家针对本国境内灾害的风险管理，而针对国家之间协作的风险管理机制也有较为成熟的案例。欧洲 1998 ~ 2009 年共发生 213 次特大洪涝灾害，包括莱茵河、多瑙河与易北河等威胁欧洲多国的全流域洪涝灾害，为共同应对全流域洪涝灾害对欧洲造成的社会与经济损失，减少未来面临的洪水风险，欧盟结合前期开发的洪水预报及报警和响应系统（FFWRS），于 2000 年推出《水框架指令》，实行统一的洪水风险评估与管理方案，并于 2007 年颁布《洪水指令》向欧盟各国推行（EU，2000，2007）。该指令从全局角度出发，通过协调土地利用规划、基础设施建设规划、水资源调度管理等多个领域，制订了统一的防洪行动计划与跨境洪水管理机制，具体包括以下"三步走"。

第一步：洪水风险初步评估。推动各成员国政府部门与其他社会机构从人类健康、生命、环境、文化遗产、社会经济活动等多个方面共同起草洪水风险初步评估结果。

第二步：洪水风险评估报告。基于初步评估结果，报告将整合多领域评估信息，识别洪水重大风险区域，进而针对这些区域进行建模，绘制洪水危险性与风险评估空间分布图，并分为高、中、低 3 个等级，包含流域水位与淹没深度等信息。

第三步：制订洪水风险管理计划。该计划从备灾、救灾、恢复与准备等过程，向政府决策者、企业负责人及公众提供洪水风险结果和管理不同等级风险所需应对的措施，并鼓励利益相关方积极参与该过程。以减轻洪水灾害风险，增强洪水防范意识，优化洪水预警系统，实现欧洲各国社会经济的可持续发展。

以上案例表明，"一带一路"各国，无论发达国家还是发展中国家，都一直在践行灾害风险管理中不断努力，根据本国特点，针对本国区域内的典型灾害，建立风险防范与恢复重建机制；同时，针对国家间的跨境灾害，找到较为适合本国的小区域协同灾害风险管理机制。

4.2.2 灾害风险管理的挑战

虽然欧洲洪水风险管理以统一的风险评估框架、全面科学的风险评估结果，以及适合欧洲各国国力水平与科技能力的减灾方案，为"一带一路"地区自然灾害风险管理提供了较好的参考（刘卫东等，2017）。然而，与欧盟各国经济发展水平相似、具有较好的前期合作基础以及已形成统一的最高领导组织的特征不同，"一带一路"地区面积远大于欧洲，拥有世界上66%的人口，且国家之间经济社会发展不平衡，灾害管理水平良莠不齐。因此，现有的区域间自然灾害风险协同管理机制还无法应对"一带一路"地区广泛分布的灾害风险，当前面临多方面的挑战。

1. 国家间社会经济水平差异大

"一带一路"地区社会经济发展水平差距较大，其中包含高收入国家，也包括中等收入及低收入国家，并以低收入国家居多，社会经济发展水平差距的背后是基础设施建设水平的差异。东亚、南亚及东南亚部分国家如韩国、印度尼西亚、新加坡、菲律宾，欧洲国家如意大利、奥地利、法国等国家，其防灾减灾投入程度、防灾设计与建设标准、耐用程度显著强于低收入国家，各国抗灾韧性差异较大。因此，如何尽可能地缩小国家间因基础设施建设水平不一导致的抗灾与恢复能力差异，是"一带一路"灾害风险管理的重大挑战。

2. 欠缺有效的减灾政策制度和法律构建

"一带一路"地区内各国防灾减灾的法律法规健全也存在较大差异。在某种意义上来说，已有的法制建设是判识一个国家防灾减灾能力的重要指标（杨思全，2016）。法律法规对防灾减灾政策的制定、资源的筹集与分配等方面进行了明确的规定，从而可以更好地指导具体的备灾、救灾与恢复重建的各项活动，而"一带一路"地区不同社会经济发展水平国家间的法律法规健全程度也进一步拉大了防灾减灾能力的差距，如意大利、韩国等国家针对地震、地质与海洋灾害的立法与相关配套政策较为全面，印度尼西亚与泰国针对洪涝等灾害设有专门的灾害管理法，而有的国家在立法上则稍欠，停留在政府统一管理的老旧模式上。因此，结合"一带一路"地区灾害具有重建相似性这一特征，若能将灾害重叠区域内各国间在法律法规建设体系上取长补短、相互借鉴，并探索出适合本国灾情与国情的法律体系，将能更好地提高灾害韧性。

3. 防灾减灾技术水平差距较大

"一带一路"地区各国间防灾减灾科学技术发展水平差异较大。同一灾害类型分区内的国家科学技术发展水平差异较大。针对斯里兰卡的风暴潮威胁，中国为其提供海啸与风暴潮监测预警的技术帮助，建立针对性的防灾减灾体系。此外，一些欧洲国家也对欠发达国家地区提供防灾减灾技术，如荷兰国际地球信息科学与对地观测学院（ITC）为格鲁吉亚、多米尼加提供灾害风险评估技术支持，帮助这些国家提高灾害应对能力与风险防控水平。因此，如何针对"一带一路"内不同国家不同防灾减灾科技水平，建立科学研究与技术交流渠道，是风险管理需要考虑的技术问题（裴艳茜等，2018）。

4. 数据和信息交流不通畅

"一带一路"各地区下垫面基础与灾害相关数据标准、灾害评估体系、灾害信息服务以及工程设计均以本国标准构建，无法在区域间形成较好的信息互通与协作途径。灾害风险区域间协同管理的基础是统一灾害风险评估体系，其前提则是一致的基础数据标准。欧洲推行《水框架指令》的前提是各国采用统一的标准搜集下垫面、社会经济和灾情等相关数据，从而能够绘制多国通用的洪水灾害风险地图，最终实行统一的风险管理措施，共享各项灾害服务信息，开展跨境洪水灾害的联防联治（郭华东，2018；刘洁等，2016）。因此，如何集成"一带一路"地区各国灾害数据，建立统一的评估体系，保障各国科研人员、政府部门等利益相关方协作互通，是"一带一路"灾害风险管理的基础问题。

5. 国家间缺少可执行的协作机制

"一带一路"地区内国家间的灾害防治多以某一流域作为串联，以一国政府或社会机构为主导，执行风险管理政策。这一协同治理机制能够保证决策效率与合作的长期稳定，但各国合作的积极性和科学家在减灾决策中的参与度与影响力方面不足，进而导致风险管理政策的执行力有限，科学研究成果转化到防灾减灾技术的驱动力不足，宣传途径单一等问题。因此，搭建协作平台，居中联系协调，实现"一带一路"多国家协同合作、多边交流沟通，是"一带一路"灾害风险管理的关键问题。

综上所述，"一带一路"自然灾害风险管理，需要借鉴成熟的风险管理经验，结合"一带一路"地区自然灾害特征，融合各国国情、灾情，实现"一带一路"各地区之间灾害数据共享、减灾经验与技术合作、风险管理机制联动，建立合理、高效、科学的灾害风险管理模式，显著提高应对灾害风险的能力，最终实现"一带一路"各个国家和地区减轻灾害风险的目标，助力社会经济的可持续发展。

4.3 "一带一路"灾害风险管理模式

针对"一带一路"自然灾害特征及区域特点，相应风险管理需要考虑到各个国家地区的地域差异、科研技术储备、地区社会经济发展水平、人民教育水平，以及国家政治体制等制约因素，提出一套符合"一带一路"地区自然灾害当前与未来发展趋势的灾害风险管理模式。该模式需要从宏观到微观，从区域到国家，从地方到社区，提出一套能供人们直接参考运用的管理模式，达到降低灾害风险的目的。

4.3.1 基本原则与理论

"一带一路"灾害风险管理模式是一个以各个国家地区高层合作协议为牵引，协同管理为理论依据，多尺度灾害风险评估为基础，区域协同为手段，平台建设为途径的多层次协同的灾害全周期风险管理模式，也是一个具备科学性、可操作性和可复制性的管理模式。

"一带一路"自然灾害风险管理的理论基础是协同管理，其前提是治理主体的多元化。协同治理是一种集体行为，在某种程度上说，协同治理过程也就是各种参与组织都认可的行动规则的制订过程。在协同治理过程中，信任与合作是良好治理的基础，这种规则决定着治理成果的好坏，也影响着平衡治理结构的形成。在"一带一路"灾害协同管理中，政府组织仍然处于主导地位并作为规则的最终决定者，但在规则制订的过程中，各个组织之间的协作与利益是促成规则最后形成的关键。

4.3.2 模式特点与内容

灾害风险的复杂性、动态性和多样性，要求各个子系统的协同性，只有这样才能实现整个"一带一路"地区的良好发展。从"一带一路"自然灾害分区评估中可以看出，国家行政边界对自然灾害的发生和影响并没有任何约束性，灾害本身和影响范围常常跨越国界对两个甚至多个国家造成影响，而这类自然灾害往往是重大灾害，其危害巨大。

然而国家和地区的行政管辖边界却是现实存在的，它对"一带一路"地区内跨境政策执行、资源分配、合作交流等均有限制，直接导致灾害风险管理的效率低下。对于"一带一路"地区多个国家共存的地域特点，以单一国家为主导的灾害风险管理模式不再能满足新时代灾害风险管理的需求。因此，"一带一路"灾害风险管理模式（图4.2）应该以协同管理理论为基础，实现"去中心化"和"多中心化"的管理模式。该模式应包含但不仅限于以下3个方面：

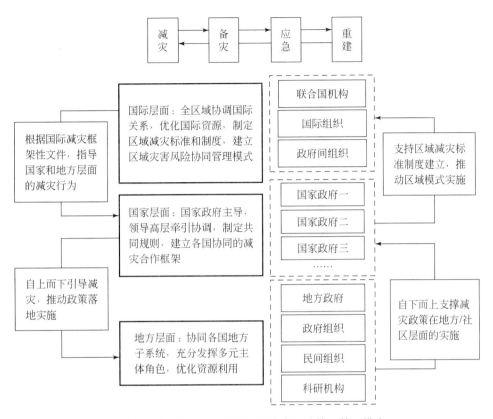

图 4.2　"一带一路"地区自然灾害风险协同管理模式

1. 国家领导高层牵引，区域内多元主体子系统协同

区域间协同的灾害风险管理，与地方和社区的风险管理不同，需要宏观尺度上国家领导高层牵引推动，将区域内各国面临的灾害风险能力视作一个综合体来管理。协同治理是一种集体行为，所以在这个过程中需要采取区域内各国共同认可的行为方式。因此，共同规则的制订尤为重要。在联合国防灾减灾相关文件的指导下，"一带一路"地区的国家高层通过签署减灾协议等以一种自上而下的推进引导方式，形成适合该区域灾害风险管理的合作框架，该框架将规定和指导区域内协同灾害管理的内容方式等。通过这种方式推动联合国《仙台框架》优先领域和减灾目标在"一带一路"地区的有效落地，保障制定的灾害风险管理政策在各级政府中的顺利推进，从而有效减少甚至避免因灾害引起的区域利益冲突。

在国家领导高层牵引的合作框架下，还需要区域内多层次各利益方协同参与到自然灾害风险管理中，这些治理主体，不仅指国家和政府组织，还包括民间组织、企业、家庭，以及个人在内的社会组织和行为体。在协同治理关系中，有的组织可能在某一个特定的交换过程中处于主导地位，但是这种主导并不是单方面发号施令。所以说，协同治理就是强调不再单纯依靠政府强制力，而是更多的通过各国政府间、政府与民间组织、企业等社会组织之间的协商对话、相互合作等方式建立伙伴关系来管理灾害风险。伴随管理主体多元化的是管理权威的多元化。这种协同管理需要权威，但是不再是以单一国家政府为核心的权威，而是其他国家和社会主体在一定范围内都可以在灾害风险管理中发挥和体现其权威性，并为以区域协作为目的的平台建设牵线搭桥，也为国家地区间信息沟通、技术输出输入、技术标准制定等减灾手段的交流合作提供途径。

2. 基于制度化、标准化的科学决策，优化资源利用

现有的决策方式，需要从传统的基于经验和直觉中归纳总结，转变为基于系统收集事实证据，并依靠逻辑和科研结果等支撑，充分发挥协同管理中各大政府和组织的主观能动性与各自在信息获取、技术支撑、资源整合方面的优势。尤其在灾害风险管理方面，需要充分发挥科学家的角色，利用框架平台开展区域间科研合作，开展科学的自然灾害综合分区与多尺度多种灾害类型的风险评估，为风险管理政策制定提供科学支持。其目标旨在通过以系统灾害风险评估结果作为科学依据支撑决策，并进一步优化，特别是针对欠发达国家有限减灾资源的分配与高效利用。

以科学研究分析为依据，以减少灾害风险为目标，为灾害风险管理中数据采集、评估模型、信息发布、工程设计等各个环节制定标准。特别是"一带一路"地区将进行的一些特大基础设施与重大工程建设，需要制定统一的规划设计标准，保障工程在设计阶段就考虑到工程扰动和潜在灾害，在工程规划设计阶段进行超前灾害风险评估与应对措施，最小化工程对生态环境的扰动，降低工程在建设与运营阶段的风险，减小工程总体投入成本。

3. 覆盖灾害风险管理的全周期，建设韧性丝绸之路

灾害风险管理内涵丰富，是一个复杂的系统，全周期的灾害风险管理包括：从灾害发生之前的准备，到灾害发生时的应急，以及灾害发生后的恢复和重建。由于多数自然灾害的发生速度快，各环节直接紧密连接，因此每个环节都至关重要，且各环节需要相互协调联动，保证灾害风险管理过程中各个环节能够顺利衔接。

该管理模式覆盖了灾害风险管理的整个周期，包括灾害之前的科学备灾，灾害响应标准制定；灾害发生时的多元主体协同，地区自主的分级响应；以及灾后的科学规划和重建指导恢复，修正、优化灾害预案的风险应对措施等（表4.1），旨在从各个环节分别着手，从而加强"一带一路"各个国家和地区抵抗灾害风险的能力，建设韧性丝绸之路。

以地质灾害风险管理为例，基于第3章地质灾害风险评估结果，提出以下科学对策和建议。

首先，充分发挥各区域各国家政府部门的作用，加强地质灾害防灾减灾宣传与教育。应坚持"以人为本"，把人民生命安危放在首位，尽可能减少人员伤亡；树立全民减灾意识，提高全社会的防灾、抗灾能力；以防为主，防、抗、救相结合。通过制订防灾减灾规章和措施，贯彻和执行已有的法律法规政策，合理规划土地用途、道路选线和重大工程建设，

加强决策部门的教育。通过在各个国家相对应地质灾害风险较高的辖区内进行灾害风险的分析，使其意识到地质灾害的危害程度和未采取有效措施可能会导致的后果，并加强地质灾害知识在群众中的宣传力度以提高群众对地质灾害的危害意识。通过学习，群众可以在地质灾害的研究和记录中吸取经验，获取减灾的各种信息。

表 4.1　风险管理模式内容

阶段	模式要素
灾前	**科学备灾：** 科学的灾害风险评估，研究与应用； 新技术开发与应用，专注可负担的减灾技术； 制定临灾应对预案，制定灾害风险管理的法律法规； 通过教育提高人民灾害风险意识； 监测预警和防治工程的规划与实施； 合理推行灾害保险，为灾害应对增加资金保障，降低损失和转移风险。 **平台建设：** 建立一个科研合作、技术交流、数据共享、灾情互通的平台，保障畅通的沟通途径； 需要高层签署协议，在灾害领域从业人员介入下联合制定合作框架，划定合作领域，并留下增补空间：①面向政府间合作的防灾减灾高层对话会，②面向群众的风险信息平台，③面向防灾减灾从业人员信息共享与技术交流平台； 区域多元参与的灾害协同治理体系； 指导、协调和监督减少灾害风险及相关政策领域的机构、机制、政策和法律框架的制度
临灾	**地区自主：** 受灾地区政府是灾害救援工作的第一负责人，牵头组织救援工作； 进一步加强社区群众在防灾减灾上的参与度，充分结合地方减灾知识和经验，发挥地区各种政策工具，如灾害保险、非政府组织等共同推进灾害响应的工作效率。 **分级响应：** 依照灾害预案分配各级任务和责任认领； 地方评估灾害情况并上报上级政府，受灾地方政府先自救，超出地方能力时由受灾国家补助执行减灾，超出国家能力由国际援助。 **标准执行：** 针对大区域、多国家、多民族、多文化的现状，依托平台建设，制定统一的相关标准，如数据标准、工程指标、技术流程等，保障区域内协作的顺畅和高效； 制定相对标准化的救灾流程，合理组织分配国家救灾资源，避免一拥而上的非理性救灾，以及因为对灾害认识不足而在救灾过程中的二次受灾
灾后	**科学规划：** 以可持续性的重建为目标，科学规划灾后重建方案与时间节点，不盲目进入重建期，提高重建后社区韧性； 规范重特大灾害损失统计、灾害相关数据收集标准，增强科研机构的参与度与影响力，科学评估灾害损失，保障选址等重建计划的科学性与可行性； 在科学评估灾害损失的基础上，充分协调，制定惠及各级政府、科学家等多方客观高效的恢复策略，保障灾后人民生计和社会经济发展问题得以解决。 **修正、优化灾害风险管理政策与措施：** 根据受灾情况，总结现有灾害管理中的不足，相应调整灾前备灾预案，吸取经验优化未受灾地区的备灾工作； 从制度构建、法律构建等方面，完善灾害风险管理各环节，优化管理能力，以备更好的应对灾害

其次，建立权威高效的应急指挥系统、预警发布系统和应急避难系统。根据地质灾害技术专家的建议，在相应的区域通过联合和协调各区域各国家相关部门，建立预警发布系统是为了在预警结果发布后，通过各种途径和方法让受灾害威胁的群众采取对应措

施，有效减少人员伤亡和财产损失；建立应急避难系统是为了在灾害来临时，能够有效地撤离和安置人员，制定安全的撤离路线等。

最后，针对不同地区、不同发生规律与成因机制，制定更完善的减灾对策。群众性与专业性相结合，利用高科技水平的专家队伍，运用科技方法和手段，通过综合勘查与评价研究，掌握各类灾害在不同国家、不同区域的发生规律与成因机制，提出更具体的减灾对策。

4.3.3　小结

多层次协同的灾害全周期灾害风险管理模式，是指通过区域内政府高层制定框架协议引导，进行多元参与的灾害风险协同管理模式。灾害风险的复杂性、动态性和多样性等特点，要求相互协同才能更好地管理灾害风险。因此，本节以协同论为基本理论，结合"一带一路"灾害特征及其社会环境要素，提出了一个适应该区域的管理模式，其协同的内涵体现在该模式的各个方面：管理主体的协同、利益相关方各子系统的协同，以及灾害风险管理各环节的协同，覆盖面广，涉及多方利益相关者，旨在协同"一带一路"国家、地区、社区等各个层次，多方利益相关的多元主体，以及灾害风险管理的各个阶段，充分发挥科学研究与科学家的角色，科学的协同管理灾害风险，提高区域抵抗灾害风险的能力，尽可能地减少灾害对国家和人民的影响，推动《2030年可持续发展议程》和《仙台框架》等联合国目标在"一带一路"地区的落地实施，共谋人类福祉，构建人类命运共同体。

4.4　灾害风险管理案例

4.4.1　荷兰的洪水治理与风险管理

1. 背景介绍

荷兰（The Netherlands）是主体位于欧洲大陆西部沿海地区的国家，国土面积约4.2万 km²。由于荷兰是欧洲重要的港口、贸易、农产品出口和工业中心，是"一带一路"地区中的重要节点。荷兰名称的直译意义为"低地王国"，来源于该国低洼、平坦、潮湿的地貌环境，水域占国土面积的18%。其东部主要是古时期巨型冰山推挤形成的丘陵，西部主要为河流入海堆积形成的三角洲，以及人为填海造田与风暴潮共同作用形成的圩田与沼泽。根据 SRTM 高程数据显示，其国土约有 43% 的面积齐平或低于海平面（图 4.3），只有大约一半的人口分布于高出海平面 1m 以上的地区。若没有治水工程系统，将会有近60% 的国土被洪水侵袭，而这些受威胁地区的经济产出占全国的 70%。

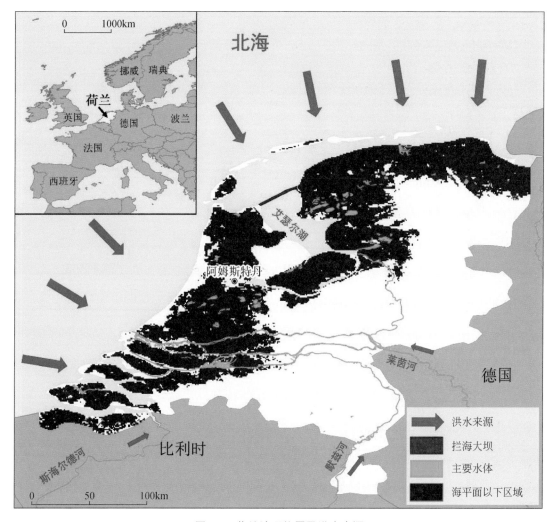

图 4.3 荷兰地理位置及洪水来源

　　荷兰洪水主要来自海上的风暴潮，其次为上游邻国沿河下泄洪水漫溢形成的河水泛滥（图 4.3）。该地区历史上记载的著名灾难性洪水事件可追溯至荷兰建国之前。艾瑟尔湖地区原有一淡水湖泊，周围长有茂密的树林。1170 年发生的万圣节洪水将该湖泊与北海连通，使其变成了海湾。1287 年的圣露西亚风暴潮淹没了荷兰北部与西北部的地区，造成了数万人死亡。当时艾瑟尔湖东岸的大型贸易城市斯塔福伦被完全摧毁。1421 年的圣伊丽莎白风暴潮造成了洪水涌入河道，摧毁了西部地区的防洪堤坝，大量圩田与村庄受淹。1530 年的圣菲力克斯洪水导致了西海岸的大量土地消失及十万以上的荷兰居民死

(a) 1717年圣诞节洪水

(b) 1953年北海风暴洪水

图4.4 1717 年圣诞节洪水的铜雕刻画（由 Johann Andrea Endters 等作于 1719 年）及 1953 年北海风暴洪水

亡。1570 年的万圣节洪水引发多个堤坝溃决，因灾死亡数达万人。1717 年的圣诞节风暴摧毁了多个沿海村镇，毁损城市，致使一万余人死亡 [图 4.4（a）]，该场洪水是荷兰历史上的一场毁灭性的洪水事件。最近的一场较大洪水为 1953 年的北海风暴潮，造成了近 2000 人死亡与大量的财产损失 [图 4.4（b）]。除了上述的几场洪水，其他在荷兰发生的大小洪水不计其数，直至现代建立了完整的治水工程体系，才使得荷兰人民生命安全与财产得以保全。

荷兰人从古至今一直在与大海和洪水做斗争。16 世纪荷兰人开始大量围海造圩田，逐渐从海洋湖泊中获得土地。排水完成后，人造的陆地会进一步沉降，从而形成了荷兰大面积的低洼地势，容易受到洪水侵袭。由于早期的灾害管理意识较弱，为了防灾，荷兰大多只是一味地修建和加高堤坝，并继续在改湖为地的土地上大量开垦和建立聚居点，进一步放大了洪水风险，遭受了惨重的损失。

随着科技和经济的进步，荷兰于 20 世纪正式开始运用现代的技术和理念治理洪水。随着三大治水工程：须德海工程（Zuiderzee Works）、三角洲工程（Delta Works）和河流空间工程（Room for the River）的完成，荷兰的水患问题得到了系统的解决。其中，须德海工程与三角洲工程被誉为现代世界七大奇迹。本书将通过介绍现代荷兰的治水体系，展现其风险管理的理念。

2. 治水工程

1）须德海工程

荷兰政府曾在 1901 年起草了一份海湾闭合工程的计划草案，其中的成本效益分析报告显示出工程将花费 4500 万欧元（按 1901 年物价计算），为当时 2/3 的中央政府预算，显示出了闭合海湾需承担的巨大经济风险。1916 年第一次世界大战时期，由于风暴使今艾瑟尔湖（图 4.5）海湾周边的堤坝溃决，洪水淹没了大片圩田，造成粮食短缺。1918 年荷兰政府批准了须德海工程，旨在：①防治来自该海湾的洪水；②在该海湾处填海造圩田以增加粮食产量；③将海湾恢复为淡水湖。该工程主要包括建造 3 个堤坝与 1650km^2 的圩田。工程的结果见图 4.5（a）。

工程首先于 1920 年建造了一个小型坝体 [图 4.5（a）中数字 1]，将修建阿夫鲁戴克大堤将西南岸的岛屿与大陆连通。之后于 1933 年建成了全长 32km，宽 90m，高 7.25m 的阿夫鲁戴克大堤 [图 4.5（a）中数字 2 与图 4.5（b）]，将海湾完全闭合，改造成了艾瑟尔湖。在 1927 ～ 1959 年，3 个大型与一个小型圩田建造完成 [图 4.5（c）]，但 1960 年首都阿姆斯特丹发生的一场洪水，使政府意识到艾瑟尔湖的蓄水量巨大，依然有造成洪水的威胁。其后，于 1963 年建成了豪崔布大坝 [图 4.5（a）中数字 3]，将艾瑟尔湖一分为二。由于农业和城镇现代化的原因，2016 年建造的两个小型人工湿地代替了原计划中位于豪崔布大坝西南的一个大型圩田，用于保护当地的生态环境并开发旅游业。

图 4.5　须德海工程

（a）谷歌地球卫星图像中显示的工程全景，黄色字母代表图（b）和（c）的位置，红色数字代表堤坝的修建顺序；
（b）阿夫鲁戴克大堤；（c）现代的人造圩田

须德海工程保护了艾瑟尔湖周边地区，包括现今的首都阿姆斯特丹，使其免受来自海上风暴潮的洪水侵袭，保护了重要的商业贸易港口。该工程创造了大量的土地以供农业发展，同时也造就了拦海大坝、郁金香花田等著名景点。由海湾改造的艾瑟尔湖为两岸提供了大量的淡水和水产，建造的坝体也作为交通路线，连通了湖两侧的城镇。以2019年的货币价值计算，单阿夫鲁戴克大堤工程就耗资8.9亿欧元，并且有着巨大的维护费用，但该工程创造的经济利益与降低的洪水风险是巨大的。须德海工程通过改变自然环境，降低灾害危险性以求降低风险，但同时在该区域大量修建了农田与城镇，导致承灾体的价值急剧升高，易损性提高。随着全球气候变暖，可以预见该工程将在未来面临海平面上升和风暴强度变大导致洪水危险性升高的挑战。该工程将随着气候变暖的进度加强其防洪体系，以预防出现设计抗灾等级以上的风暴。

2）三角洲工程

三角洲工程主要位于荷兰的西南部，由莱茵河、默兹河、斯海尔德河出海口交互形成的三角洲区域（图4.3）。在1953年的北海风暴洪水之后，荷兰政府成立了三角洲委员会，决定彻底治理该区域来自海上的洪水威胁。该工程旨在拦挡风暴潮并防止海水往河流中倒灌而造成沿岸发生洪水和淡水资源盐化，同时减少内陆沿河需要修建的堤坝长度和强度。

早期的须德海工程为三角洲工程提供了大量的经验，修建此工程所做的规划更加全面。荷兰政府在开展三角洲工程前做了大量的风险评估和研究，并且建立了风险管理的法律体系。该体系建立了一套完整的基于经验统计学的洪水危险性评估模型，并对洪水危险覆盖区的财产及人员进行了经济价值估算。根据结果，法律中拟定了各个区域的可接受风险阈值。根据区域的位置与蕴含价值不同，堤坝溃决的可接受风险被设为每 2000 年一遇至每 10000 年一次，而河流洪水的发生 250 ~ 1250 年一遇。在成本效益的分析中，政府对比了单纯的加高已有的堤坝，和进行三角洲工程的造价与效益分析。结果显示，加高堤坝和三角洲工程的造价各为 9.8 亿欧元和 11.8 亿欧元，而减少的风险和由交通便利、农业灌溉、造圩田等附带利益的总和各为 19.8 亿欧元和 24.4 亿欧元（按照 1954 年的物价和 2019 年的欧元货币价值计算）。其结果显示三角洲工程的投资虽然略高，但是利益回报大大高于加高已有堤坝，工程获得政府批准。

三角洲工程建造了 13 座拦海坝体，将三角洲区域与海洋隔断而形成湖区，防止风暴和风暴潮产生的洪水侵入河流。该工程将部分的咸水湖改造为淡水湖，服务于区域的灌溉和用水 [图 4.6（a）]。为了保护生态及贝类养殖产业，该工程保留了一部分海水水域。为了保证港口水运的畅通，在两处河流入海口修建了可开合的风暴防御闸门。保护重要港口城市鹿特丹的是 1997 年开始运作的马思兰智能风暴防御闸，它由两片 22m 高 210m 宽的扇形的大型闸门组成，每片闸门重 6800t。闸门由直径 10m 重 680t 的球型关节驱动，能随着人工监管下的智能风暴探测系统开合 [图 4.6（b）]。该风暴闸于 2007 年 11 月 8 ~ 9 日成功抵御了一次风暴潮。另一个大型的风暴闸门为全长 9km 的东斯海尔德风暴防御闸。该防御闸由 65 座重 18000t 的巨型钢筋水泥柱与 62 道 42m 宽的钢铁闸门组成。闸门是由人工加电子系统辅助控制的，荷兰的法律规定当水位超过海平面 3m 时，所有闸门将完全关闭。该防御闸的维护费为每年 1700 万欧元，曾于 1986 年和 2018 年的风暴中完全关闭过。

三角洲工程成功地防治了三角洲地区由风暴与风暴潮造成的洪水，保护了重要的港口，以及近海地区沿河两岸的城镇。建造的坝体连接了三角洲地区陆路交通，为当地的经济发展提供安全有利的环境。与须德海工程一样，三角洲工程也面临着全球海平面上升的威胁。荷兰政府以防治万年一遇的风暴为标准，计划不断加强海岸线堤坝的防御强度。

3）河流空间工程

在须德海与三角洲工程之后，来自海上的威胁已被极大地削弱，荷兰民众普遍认为当时的洪水防御系统已经发展全面，不会再发生水灾。1993 年与 1995 年由于河水暴涨导致河堤漫顶或溃决，淹没大片农田，政府被迫疏散了 25 万人。这两次洪水之后，荷兰政府开始着力于开发内部河流防洪系统。研究发现，由于过度的扩张和开发，大量的建筑物和农田占用了河道或洪水平原区，导致洪水只能通过两岸堤坝间的主河道区域，加上

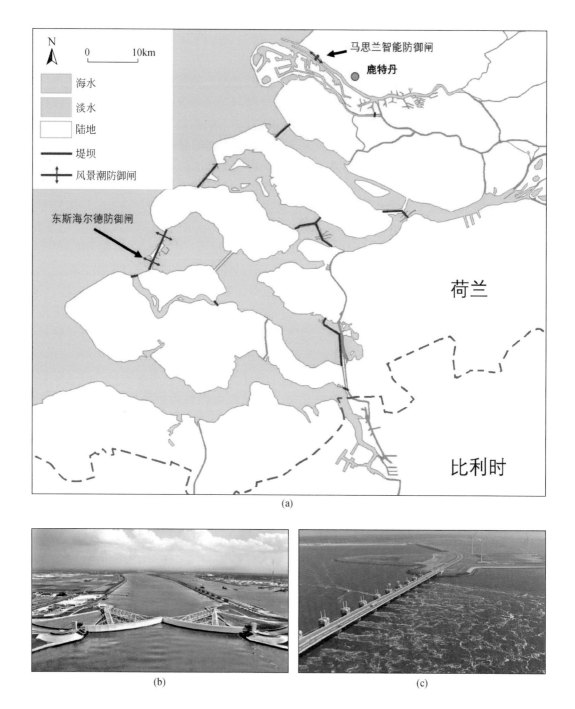

(a)

(b)   (c)

图 4.6   三角洲工程

（a）三角洲工程全局分布图，该图修改自 Io Herodotus 发表于维基百科的作品；（b）马思兰智能风暴防御闸；
（c）东斯海尔德风暴防御闸

河道被淤泥抬高，引发了严重的水灾。

河流空间工程开展于 2006 ~ 2015 年，旨在拓展空间，为河道提供更大的过流能力，从而防止洪水灾害的发生。工程内容主要包括：①加深河道；②建造预备蓄水区；③将堤坝位置向陆地方向调整；④加高堤坝；⑤建造人工排水渠分流主河道；⑥降低洪水平原区高程；⑦降低防波堤高度；⑧搬迁或拆除占用河道的圩田和建筑物。被还原为洪水平原的地区在枯水季节作为牧场和湿地公园使用。

在全国洪水风险评估基础上，对荷兰各处洪水平原上的公路铁路开展了系统性的改造工程，如建筑搬迁、退耕还林和加深河道。该工程通过增加河道的容量、降低洪水水位，从而降低洪水的危险性，同时通过搬迁等手段减少洪水危险区域的承灾体暴露度，最终达到降低洪水风险的目的。由于河流洪水有可能会跨国界造成影响，此工程与莱茵河、默兹河、斯海尔德河沿线的德国、比利时、法国共同合作完成。

4）其他措施

荷兰在沿海岸线部分地区有着沙丘地形，配合沙丘内的生态固沙系统（如灌木），为内陆提供了天然的保护，免去了许多修建和维护堤坝的成本，同时为居民和旅客提供了娱乐场所 [图 4.7（a）]。因此这些沙丘被立为国家公园，不得开发侵占，并在重要区域人工制造沙丘，并根据需求加高加厚，而在没有沙丘保护的地区则会修建堤坝以抵御洪水。由于海岸退化侵蚀对沙丘和沿海城市造成了较大的威胁，荷兰政府每年会往近海区域倾倒约 1200 万 m^3 体积的沙子，以平衡海岸线的侵蚀。最近几年，荷兰启动了名为"沙引擎"的研究计划，利用天然的风力及海浪的搬运能力对海岸线的沙子进行长期补充，以求降低成本并保护生态系统 [图 4.7（b）]。该计划在三角洲地区的北面海岸线上人造了一个沙滩，预期在今后的 20 年中沙滩会逐渐向北迁移，并以天然的方式对近海的沙子进行补充。

(a)

(b)

图 4.7　（a）在沙丘（红色虚线圈中）保护下的海牙市；（b）沙引擎计划，红色箭头为沙滩运移的方向

3. 风险管理

1) 发展历程

从时间的角度看,荷兰的洪水风险管理模式是一个逐渐成熟的过程,须德海与三角洲两大工程使得原洪水风险最高的地区得到有效的风险管控。其发展历程主要分为3个阶段。

(1) 古代时期:荷兰对洪水风险管理的手段只是一味地加高堤坝,并且不停重复围海造地后,又被洪水破坏的过程。在修建须德海工程之前,政府并不同意将整个海湾用大坝封住,而是建立几座人工岛。

(2) 近代时期:1916年的洪水之后,政府同意实施须德海工程计划,并且该计划的第二阶段,即将艾瑟尔湖一分为二,也是在阿姆斯特丹受到洪水侵袭后才实施的。之后的三角洲计划也是由于在1953年的北海风暴洪水中损失惨重而开展的。三角洲计划的实施比起须德海计划更加成熟,各个坝体及防御闸的建造都是主动规划的,而非受灾后再建造。由于该计划从须德海工程中学习了经验,做出的成本效益分析更加具体。除了考虑防治水灾的作用,还考虑了大量的附属功能,如淡水资源、旅游和交通便利。其风暴防御闸的建造不仅满足了民意,还保证了港口畅通,也通过保留海水水域,在一定程度上降低了工程对自然环境的破坏。

(3) 当代时期:1993年与1995年的洪水事件中,荷兰已经具备了早期预警系统,避免了人员伤亡。河流的空间工程中荷兰政府对于治水的规划已经做到了以退为进,即大量搬迁和改造建筑物和退耕,将河流形成的天然洪水平原较大程度上退还给了自然环境,不仅防治了灾害,还降低了高危区域的承灾体数量。以主动退让来减少损失利益的治水模式在当今世界上大多数国家都是很难做到的,尤其是需要退让的地区处于发达城市中的情况。

2) 风险管理策略

荷兰的风险管理模式是根据"安全区"法案进行的。该法案将荷兰的443个直辖市分为了25个安全区,每个安全区内的地区政府一起共同合作负责该区风险管理的任务。区内风险管理所用的经费是由中央政府、各直辖市、与相关利益单位共同提供。法案的目标为:①为公民提供更好的灾害防御系统;②为救灾与恢复提供便利;③若发生灾害,可以将区域内所有的救灾力量进行统一调动部署;④加强管理与实施的效率。

每个安全区都由各直辖市市长组成委员会,通过讨论投票进行决策,委员会的主席由警力管理部门指认。在委员会决策时,只会要求与对应灾种相关的部门参加。安全区委员会必须每年对风险管理政策及风险评估报告进行一次更新。安全区委员会的主要任务覆盖灾害风险管理全过程(表4.2)。

安全区的任务是为区内提供一套完整的准备—防治—救灾—恢复的方法体系、预案和设施,保证区内的居民与经济免受损失。安全区需响应国家制定的政策和安排的任务,并且可以根据各区内的具体情况做出调整。

表 4.2　安全区委员会管理过程

管理环节	管理内容
备灾	建立灾害风险编目数据库，开展风险评估； 对灾害风险及灾害响应制定法案，完善相关政策； 为应对灾害做准备，并实施风险管理； 建立并维持安全区的救灾及医疗体系； 建立灾害预警中心，并保证及时发布预警通知 对各直辖市的灾害防治规划提出意见； 购买并维护相关的设备
应急	优化资源，协同各方响应灾害，管控危机； 为灾害响应政策提供科学性建议； 组织并维护各单位间的联系与合作，保证法案按照规定实施

3）洪水风险评估、管理与防治规划

荷兰洪水风险的评估方法主要是模拟各个位置的堤坝溃决，结合溃决范围内的承灾体价值计算而得出的。根据风险评估可以得出哪段堤坝造成的风险最高，应优先投入资源进行加固加高；哪段即使溃决也不会造成太大损失，可以降低优先级。在评估的过程中也制订了每段堤坝不同程度溃决情况下的应急处理预案，其中包含通过手机等设备发布预警、告知大众的撤离路线、网络公开的洪水危险性图、救助受困群众和修补溃口的预案。这样的管理模式可以将有限的资源最大化利用在降低全国的洪水风险上。

荷兰政府对全国的每一个被堤坝保护的区域均进行了更小尺度风险评估，并通过法律对堤坝保护的区域设置了可接受风险的阈值，如荷兰的西海岸线及中部可接受风险阈值极低，其指标多为每年 1/30000 的概率发生水灾，这是因为大部分重要城市都分布在这个区域内。该规划对价值较高的区域与可能引发核泄漏灾害的核电站的保护甚至到了每年 1/1000000 的概率（图 4.8）。

荷兰政府 2016 年制定的洪水阶段性风险管理政策目标为：

（1）居住在堤坝保护区的居民的最高可接受风险为 0.001%，即每年死于洪水的概率不得高于 1/100000。

（2）针对人身、经济风险较高的地区，以及重要的基建设施，在已有的防御工程基础上再添加额外的保护措施。

（3）在加强防御措施的基础上，同时也考虑了各计划工程对于淡水资源、水质、经济及自然环境的影响，并制订了减低负面影响的计划。

（4）在长期的风险管理计划上，荷兰政府考虑了土地沉降、气候变暖和政策的变化。长期实施全国洪水风险管理计划的预算为 200 亿欧元，实施期为 2015～2050 年。这些资金由荷兰中央政府、地方水务局和相关利益公司共同投资，建立了三角洲基金，专门用于洪水风险管控和水资源保护。

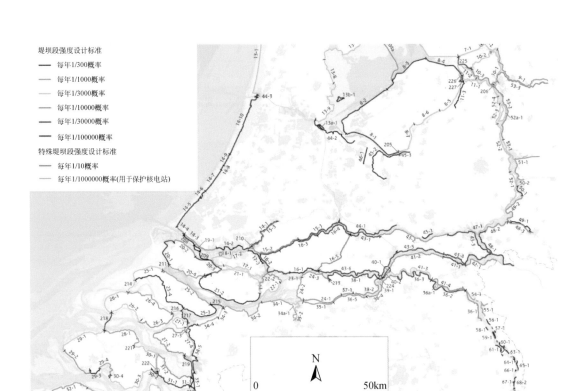

堤坝段强度设计标准
—— 每年1/300概率
—— 每年1/1000概率
—— 每年1/3000概率
—— 每年1/10000概率
—— 每年1/30000概率
—— 每年1/100000概率
特殊堤坝段强度设计标准
—— 每年1/10概率
—— 每年1/1000000概率(用于保护核电站)

图 4.8 根据风险评估结果设置的堤坝强度规划图(局部)

修改自 *National Water Plan 2016 ～ 2021*

4)小结

荷兰两面环海,欧洲 3 条著名的大河从荷兰入海,且有大量人造的低于海平面的土地等地貌特征,使得全国的洪水危险性较高。此外,荷兰发达的经济水平产生了许多高价值的承灾体群,最终使得全国的洪水风险等级高。加之荷兰国土面积较小,承灾体价值密度大,一旦发生大型洪水很可能会对整个国家造成严重的打击,所以荷兰的风险管理中将影响重要城镇区域的可接受风险阈值设计的极低。

防灾工程体系的规划建设需要标准限定,如在本案例中通过可接受的风险制定防洪设施设计标准。提高标准意味着更高的投入,会受到经济实力的限制。防灾标准达到一定限度后,继续提高标准所投入的成本可能高于减灾的效益。因此,残余风险总是存在的。在经济实力较低的情况下,面对超出防御能力的灾害,更多依赖于灾前搬迁、应急响应和灾后重建。随着经济实力的增强,人类必然会要求不断提高防御灾害的能力、提高应急管理的水平,以尽力减少灾害损失及其对社会安定的冲击。

"一带一路"地区地域广大,文化、地质、水文、气候、政治等背景因素的区域差异较大,风险管理面临着巨大的挑战。本节通过描述荷兰的水灾的防治措施及风险管理模式,以期为"一带一路"风险管理提供参考资料。"一带一路"的风险管理应尽量

做到因地制宜，防患于未然。在风险的评估上，应尽量做到细致与准确，为"一带一路"的工程规划打下良好的基础。

4.4.2　汶川地震后的灾害风险管理状况分析

地震灾害在"一带一路"地区广为分布，作为一种常见的灾害，针对地震本身的研究与风险管理已经有较为成熟的体系，但是地震容易引发次生灾害，这类次生灾害时空延展性强，对短期的应急救灾、中期的灾后重建，再到长期的地区社会经济可持续性发展都有严重影响。汶川在 2008 年地震后受到次生灾害的严重影响，因而逐步提出了一套应对震后次生灾害的措施。本节通过总结这些次生灾害管理和应对经验，提出一套震后山区风险管理策略。

1. 背景介绍

2008 年 5 月 12 日下午 2 点 28 分，我国四川省龙门山地区发生了 8.0 级的汶川大地震，对该地区造成了严重的损失。地震诱发的同震滑坡数量根据不同的绘图标准，在 56000 ~ 196007 个，面积为 811 ~ 1151km^2（Dai *et al.*，2011；Xu *et al.*，2013）。这些同震滑坡产生了大量松散碎石土，为泥石流的产生提供了巨量的物源。地震后的泥石流、滑坡与洪水的频率与规模比震前高出数倍，大型的泥石流事件有：同年 9 月 24 于北川发生的泥石流，淤埋了大片在地震中受损的北川县城，阻碍了救灾工作；发生 2010 年 8 月 13 ~ 14 日的群发性泥石流，对大部分地震灾区的重建工程造成了严重的破坏；发生于 2013 年 7 月 10 日的汶川县泥石流，造成了交通中断，并冲毁许多重建的建筑；发生于 2019 年 8 月 20 日汶川地震区群发性泥石流，将国道和都汶高速多处冲断。

地震后次生灾害频发主要是地震产生的灾害链效应和剧烈的环境演变长期效应造成的。Fan 等（2019）对强震相关的灾害链与长期效应做了一个较全面的总结。主要的直接作用灾害链有地震—滑坡—堵江—洪水，或震后滑坡、泥石流—堵江—洪水，间接的灾害链主要为同震滑坡—泥石流—河床抬升造成洪水。地震后地质灾害的放大效应及长期演变规律在台湾省的 1999 年集集地震中被初步认识（Lin *et al.*，2004，2006），并在 2008 年汶川地震之后开始了全面的研究，总结出其主要受松散物质运移、植被恢复和降水的控制（Tang *et al.*，2016，2019；Yang *et al.*，2018；Domènech *et al.*，2019；Fan *et al.*，2019）。图 4.9 展示了汶川映秀地区周边的假彩色卫星影像，图中可以看出在汶川地震诱发了大量同震滑坡之后，滑坡泥石流活动一直处于比震前活跃的水平，直至 2019 年仍未完全缓和。

在这种环境下，灾害的性质会随着环境的恢复和降水的不确定性不断变化，开展准确的灾害危险性评估十分困难。同时，由于地震和救灾工作、重建工程的进行，承灾体也会随之产生急剧变化，故难以获得准确的风险评估结果。我国在灾害风险管理的发展相比欧洲发达国家起步较晚，加之此前的唐山大地震并未引发大规模的震后地质灾害，

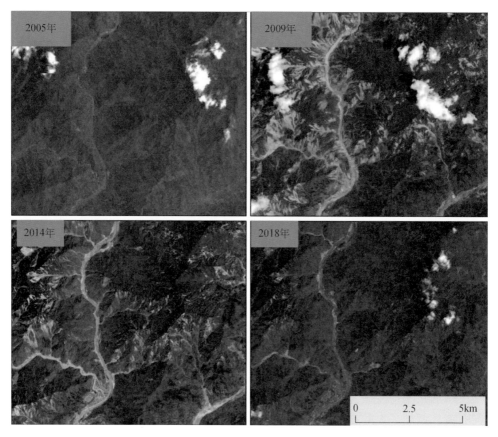

图 4.9　卫星图像显示出了映秀镇周边的地震后环境演变

因此，我国在风险管理方面的经验和措施都较薄弱，且工作重心在抗震本身上，并未全面地考虑其造成的长期环境失稳效应。汶川地震后，我国对于地震后效应有了新的认识，开展了大量针对性的研究，改进了灾害风险管理体系，包括修建防治工程、建立监测预警系统和设置避灾场所等。这些措施在随后的数年中起到了较好的作用，但是仍然在近年的几次事件中暴露出目前风险管理措施中的一些不足。本节将通过总结汶川地区现有的风险管理系统，提出震后山区风险管理的展望。

2. 法律体系构建

我国虽然还未制订灾害风险管理法案，但对于地质灾害的管理有着明确的规定。相关的法律主要有国务院 2004 年施行的《地质灾害防治条例》、2007 年施行的《中华人民共和国突发事件应对法》和 1998 年施行并于 2008 年修订的《中华人民共和国防震减灾法》。其他相关的指导性文件有国土资源部 2005 年出台的《地质灾害防治管理办法》。现阶段，在自然灾害的管理上仍然是以"纵向领导、横向联合"模式为主，一般由县级以上地方人民政府国土资源主管部门负责本行政区域内地质灾害防治的组织、协调、指导和监督工作。县级以上地方人民政府其他有关部门按照各自的职责负责有关的地质灾害防治工作。国务院国土资源主管部门负责全国地质灾害防治的组织、协调、指导和监督工作。

1）灾前

国务院：应急方面，全国性预案由国务院应急主管部门会同自然资源部、住建部、卫健委、水利部、铁总、交通部、环保部等多部委拟订自然灾害应急预案，报国务院批准后公布。内容包括应急机构和有关部门的职责分工；抢险救援人员的组织和应急、救助装备、资金、物资的准备；地质灾害的等级与影响分析准备；地质灾害调查、报告和处理程序；发生地质灾害时的预警信号、应急通信保障；人员财产撤离、转移路线、医疗救治、疾病控制等应急行动方案。

地方政府：负责制订地方性的应急预案，由地方主管部门组织相关单位拟定，并报本级人民政府批准后公布；在预防灾害上，县级以上政府负责对属地内的地质灾害进行调查，并设立预警系统和对有必要的灾害点进行防治，尤其针对人口集中居住区、风景名胜区、大中型工矿企业所在地和交通干线、重点水利电力工程等基础设施，这些是地质灾害重点防治区。

2）灾中

地质灾害抢险救灾指挥机构由政府领导负责、有关部门组成，在本级人民政府的领导下，统一指挥和组织。

国务院：必要时，国务院会成立地质灾害抢险救灾指挥机构。

政府：县级以上政府，将启动并组织实施相应的突发性地质灾害应急预案，有关地方政府及时将灾情及其发展趋势等信息报告上级政府；当发生中小型灾害时，有关市（县）政府可以根据地质灾害抢险救灾工作的需要，成立地质灾害抢险救灾指挥机构。若遇特大型或者大型地质灾害时，有关省（区、市）人民政府应当成立地质灾害抢险救灾指挥机构；政府应当及时组织和协调公安、交通、铁路、民航、邮电、建设等有关部门恢复社会治安秩序，尽快修复被损坏的交通、通信、供水、排水、供电、供气、供热等公共设施。

相关政府部门：牵头尽快查明地质灾害发生原因、影响范围等情况，提出应急治理措施，减轻和控制地质灾害灾情。民政、卫生、商务、公安部门，应当及时设置避难场所和救济物资供应点，妥善安排灾民生活，做好医疗救护、卫生防疫、药品供应、社会治安工作；气象主管机构应当做好气象服务保障工作；通信、航空、铁路、交通部门应当保证地质灾害应急的通信畅通和救灾物资、设备、药物、食品的运送。

3）灾后

国务院：应根据受突发事件影响地区遭受损失的情况，对重建恢复给予财政支持，并制定扶持该地区有关行业发展的优惠政策。

受灾当地政府：在应急救灾工作结束后，履行统一领导职责，立即组织对突发事件造成的损失进行评估，组织受影响地区尽快恢复生产、生活、工作和社会秩序，制订恢复重建计划，并向上一级人民政府报告；应当根据本地区遭受损失的情况，制订救助、补偿、抚慰、抚恤、安置等善后工作计划并组织实施，妥善解决因处置突发事件引发的矛盾和纠纷。重建的规划应避开潜在的灾害点，并且考虑当地的地质条件及资源环境的承受能力；需要上一级人民政府支持的可以提出请求。

3. 应急救灾

由于该地区的强震资料较少，加上当时国内外对于强震效应的认识不足，使当地政府在应对地震灾害的经验不足。在地震后的十年间，汶川地区反复受高频率地质灾害影响，逐渐加深了对灾害的认识，逐步完善了风险管理体系。下文将通过汶川震后开展的次生灾害应对案例，按照时间顺序，介绍汶川地区在地震后的应急救灾—重建恢复—建立预警与防治体系的过程。

汶川地震的救灾工作主要由政府辅以志愿者共同完成。在地震发生的当天傍晚，武警四川总队派遣了直升机前往灾区探查灾情并运送援救物资，同时有千余社会志愿车辆自发奔赴都江堰灾区。之后几天内，武警、部队、消防队单位和志愿者共数万人陆续投入了搜救工作。同时政府向灾区空投了大量的物资，并使用救灾帐篷与板房建造了临时安置聚居点。政府再从医院抽调人员组成医疗队，救治伤员并保证卫生条件，极大减少了疫情发生的可能性。同时，从科研教育单位抽调了相关领域的科研人员，对于重点次生灾害点进行评估并提出防治建议。

汶川地震后政府对应急救灾工作的开展极其迅速，但由于在灾后应急救援与恢复重建规划方面对于强震的灾害链和长期效应的经验不足，导致了救灾过程中部分临时安置点被地震后的泥石流毁损。

4. 重建恢复

2009 年应急救灾工作结束，重建工作开始。我国 19 个省对灾区的县或市开展了 3 年的对口援助政策，负责设计规划及工程的实施。在这一恢复过程中，四川省为受灾县规划了经济恢复计划，主要包括发展种植业、养殖业、旅游业、林业、采矿业、工业。本节通过四川省都江堰市龙池镇地区的案例，讲述重建恢复的过程。下文的龙池镇指 2015 年三镇行政合一之前的地区，即龙溪河流域。

1）灾后建筑恢复重建

通过对龙池镇 2007 ~ 2018 年的建筑物进行了解译调查，制作了年度房屋编目数据（图 4.10）。以下为龙池镇重建的阶段性过程。

（1）2007 年震前至 2008 年震后：研究区中的 417 座震前建筑在地震中大部分损毁，只有 81 座建筑可在维修后继续使用，这些建筑大多分布在北川 - 映秀断层的下盘上。2008 年的编目显示地震后的临时安置建筑包含有 82 组板房与 227 座帐篷或窝棚。区域内建筑的总数由 2007 年的 417 座降低至 390 座。

（2）2009 ~ 2010 年（泥石流前）：2010 年的编目中共出现 706 座新建筑，其中 655 座为自建或统建的永久性建筑。统建的建筑全部采用了带抗震设计的框架结构，这些建筑大部分聚集在龙池镇场镇上（图 4.10），其他地区也分布有少量聚居点，如靠近农田和种植园，或为靠近龙溪河的农家乐，建筑总数快速增长至 873 座。

（3）2010 年（发生泥石流）：2010 年 8 月 13 ～ 14 日的群发性泥石流灾害给龙池

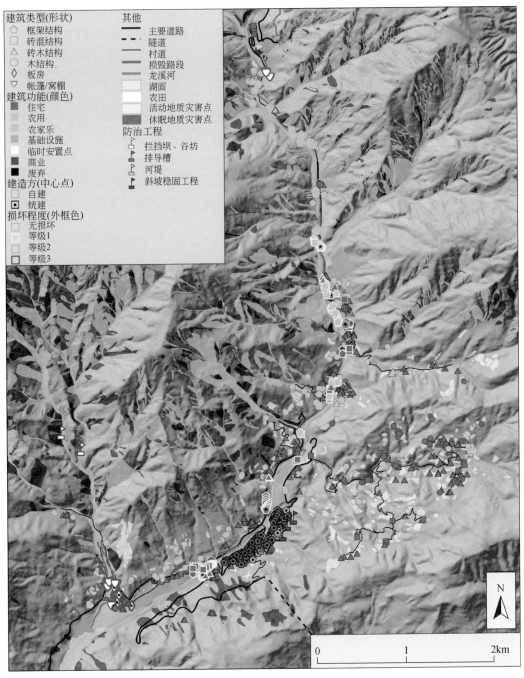

图 4.10　龙池镇承灾体与灾害体数据编目示例

显示的是 2010 年 8 月 14 日泥石流后的情况。图中的损坏等级为：等级 1.轻微损坏，修复后可继续使用；等级 2.严重毁损，不可修复，但未倒塌；等级 3.建筑被完全摧毁倒塌

镇造成了惨重的损失，摧毁了 70 座建筑，严重损坏了 40 座建筑，另有 102 座建筑被中度或轻度的破坏。这些建筑大部分分布于泥石流沟沟口和龙溪河两岸。此次泥石流灾害使研究区内建筑物减少至 712 座。由于震后建筑大多使用了单价较贵的框架结构，建筑经济价值为震前的数倍，这导致 2010 年泥石流造成的直接经济损失略高于汶川地震。

（4）2011～2013 年：2012 年重建正式完成后，所有的临时安置建筑被拆除。当地人放弃了共 38 栋位于泥石流威胁区内的建筑。为了弥补泥石流造成的建筑损失，政府统建了 25 栋，当地人自建了 67 栋新建筑。在 2010 年后政府开始大量修建防治工程。由于 2010 年的泥石流和地震产生的大量沉积物被侵蚀运移至河道，导致了龙溪河的河床抬升，部分河段的抬升达到 5～7m。抬升后的河床于 2013 年造成了山洪灾害，导致 20 座建筑受损。自此，研究区内可供正常使用的建筑减低至 678 座。

（5）2014～2018 年：这一阶段中，由于防治工程和地质环境的恢复，当地人自建了 21 座建筑，可供使用的建筑数量增加至 699 座。此阶段内的龙池镇的自然与社会环境基本达到了稳定的状态。

2）灾后经济恢复

龙池地区的经济在震前主要依靠农业及旅游业。其中，农业占约一半的经济产出。2007 年区内有约 76hm^2 的农业用地，其中 76% 用于种植经济作物；龙溪河两岸共有 87 栋农家乐建筑，显示出旅游业在龙池地区的重要地位。由于大部分农田建在北川 - 映秀断裂的下盘地势较缓的区域，汶川地震对龙池地区的农业未造成严重影响，但是对旅游业造成了重创。

汶川地震之后，政府向当地居民发放了补助金，并联系多个用人单位到灾区招聘，外出务农户数量增加了 9%；之后，政府和当地居民都计划通过旅游业恢复当地的经济，政府修通都汶高速的隧道，使人们能够更方便的到龙池旅游，并资助当地居民修建农家乐。根据 2009～2010 年修建的大量农家乐建筑数据分析，农家乐的数量比震前更多，建筑面积（建筑占地面积×楼层数）的总数几乎翻了一倍。

2010 年龙池发生群发性泥石流，这对当地经济，尤其是旅游业再一次造成严重打击，这导致以旅游业恢复经济的规划受挫。之后，政府停止维护并关闭了高速公路的出入口，一共 12 座农家乐停业，直至 2019 年 12 月，龙池国家森林公园仍未开放。这迫使当地经济结构和生计方式转型，部分从事旅游业的农户被迫转向务农，经济来源主要靠大力发展的农业、林业和养殖业。2010～2018 年农田面积逐渐扩大，至 2018 年达到了 98hm^2，比 2010 年多 15hm^2。

龙池地区虽然因国家森林公园的关闭而造成了经济恢复过程受阻，但在总体趋势上汶川地震灾区的 GDP 稳步恢复。即使遭受了大规模的震后滑坡泥石流袭击，也只是减缓了恢复过程。以汶川县为例，由于我国的大量投资和优惠政策与大量的工程建设，其 GDP 在 2010 年已达到震前 2007 年的水平。由于重建与防治工程的完成，汶川县 GDP 增长于 2014 年出现减缓趋势，截至 2018 年达到了震前 2007 年 GDP 的近 200%，比按震前 4.6% 的增长率预期的 162% 还高。

5. 监测预警

汶川地区的地质灾害防治与预警体系主要是在 2010 年后建立的,由群测群防、政府设立监测站和科研机构监测共同组成。

1) 群测群防

群测群防指组织灾害影响地区的当地人进行巡逻,并在发现灾害迹象时进行上报或发出预警。以汶川县七盘沟为例,七盘沟村已成立村级社区减灾组织,编制了七盘沟村级应急预案,并每年更新。社区减灾组织里有 6 名成员为地质灾害监测人员。2008 年以来,每年约组织 2 ~ 3 次灾害宣传培训。如发生灾害,应急疏散信息由监测员以拉警报、口哨和电话等方式发布。在 2013 年 7 月 10 日的特大泥石流灾害中,当地居民成功收到警报并紧急转移至安全地避险。

2) 政府设立监测站

政府设立的监测站主要通过预警设备进行预警和发出警报,主要包括雨量站、视频监控、激光泥位计等。由于山区气候空间差异性大,这些设备一般随着防治工程的建设而安装在泥石流沟流域的中游及上游。预警主要通过雨量站测量的降水数据发布,若其他仪器监测到了灾害的确实发生则会发布撤离警报。预警主要分为 4 个等级:注意级(4 级)、预报级(3 级)、预警级(2 级)和警报级(1 级),对应 24 小时内地质灾害发生概率为低、较高、高和很高。其中,1 ~ 3 级预警需要采取以下措施。

(1) 预报级(3 级):发出黄色预警,监测站派专人密切监测雨量,每日 2 次对隐患点进行排查,各相关单位做好应急准备,发现险情时组织群众按预案路线撤离,当地政府限制外来人员进入危险区。

(2) 预警级(2 级):在预报级的基础上,加强排查至每日 4 次,当地政府组织地质灾害和山洪威胁区域的群众和外来人员提前撤离,并通过电话、电视、广播等渠道对预警区域内的人员进行提醒。

(3) 警报级(1 级):在预警级的基础上,加强排查至每小时一次,通过高音喇叭和电话进行逐户通知,并撤离预警区所有人员,必要时启动应急预案开展抢险工作。

3) 科研机构监测

科研机构在对灾害的开展科研工作的过程中,发现有灾害发生迹象,自发上报政府进行紧急处理,如针对甘肃省黑方台滑坡的研究过程中,科研人员接收到该滑坡安装的测量仪器发现滑坡突然出现形变加速迹象,在上报管理部门后,于滑坡发生前 2 小时对滑坡威胁区域的村落发出了警报级(1 级)预警,撤离了所有人员,避免其造成人员伤亡。

6. 灾后规划与防治

1) 地质灾害危险性评估

2010 年泥石流灾害后政府委托多个单位对汶川地震灾区进行了大规模的地质灾害勘察与危险性评估。以泥石流勘察为例,主要内容包括:勘察任务的背景与意义、勘察对象的自然地质环境描述、根据实地调查得出的泥石流物源分布及方量估算、危害范围和危害对象、泥石流特征值（流速、流量、冲压力等）、治理建议、环境影响评估与防治效益评估。这些勘察大多是利用经验公式估算泥石流特征值并结合实地调查，确定灾害威胁范围并绘制危险分级图。

2）防治工程的设计与维护

由于汶川地震山区可利用空间有限，重建工程大部分需要在原址上开展，因此震后必须配合防治工程进行地质灾害防治。在 2010 年 "8·13" 大型泥石流灾害事件爆发前，汶川地震整个灾区减灾避灾意识薄弱，仅对个别灾害点修建了小规模防治工程，并不能应对大型泥石流事件，如都江堰龙池镇八一沟口的板房安置点在被毁坏了部分板房后，仅修建了两道薄弱的拦挡坝和一条较窄的排导槽，结果在 2010 年泥石流灾害中，该安置点被完全摧毁。

2010 年 "8·13" 大型泥石流灾害之后，地质灾害得到了高度重视，2010～2013 年，灾区修建了很多防治工程。例如，2010 年 8 月 13 日红椿沟暴发了大型泥石流灾害，冲毁都汶高速并堵塞了岷江河道，导致下游映秀镇遭到洪水侵袭。灾后，政府对其进行重点治理，在沟内修建拦挡坝、谷坊群和排导槽，并规划了停淤场，进一步降低泥石流堵江的可能性。该防治工程中拦挡坝在随后两年内被泥石流淤满，政府将该沟两处大型拦挡坝处作为采砂场。这样既可以给当地增加工作机会及经济产出，也可以增加拦挡坝的库容解决防治工程被填满的问题。在汶川地震区有数个防治工程采取了这种运作模式，即当地采砂场在采砂的同时，负责保证防治工程的正常运作。

3）灾后科学规划

城乡规划是降低灾害风险的有效措施。汶川地震后，政府将许多受滑坡威胁的村落转移至安全区，同时针对具有高经济与战略价值的都汶高速，将大部分道路选线改为隧道，避免其暴露在灾害危险区。此外，政府还根据泥石流沟的威胁程度和承灾体价值，在当地规划并修建不同设防等级的防治措施，保障受威胁对象的安全。

7. 小结

汶川地区的案例显示出我国在减灾、应急、重建的方法应用上是成熟先进的。但是震后次生灾害在规模与频次上的激增，导致已有的设计规范可能低估灾害作用强度，使得防治工程不能完全满足震后灾害防治要求。所以在总体灾害防治成果显著的同时，我们需要重新审视已有防治规范在强震灾区的适用性。

在风险评价方法和管理方面，我国还处于发展初期，并未形成如荷兰洪水风险管理案例中的较成熟体系，也没有明确规定各地区的可接受风险阈值。大部分有意识的主动避灾行为都是在发生严重灾害后才产生的，缺少更加主动的防御措施，如地震后才修建抗震结构的建筑；特大泥石流灾害后才大规模规划和修建防治工程；防治工程的规划分布也大多取决于该隐患点是否爆发过灾害。

2019 年 8 月 20 日的暴雨导致了汶川地区暴发数场泥石流与山洪，并造成大量经济损

失，显示出风险管理上的不足。一些防治工程的设计低估了泥石流规模，如汶川县登溪沟只有一道较薄的拦挡坝和一条排导槽作为防治措施，暴发的泥石流直接冲毁了交通要道。由于缺乏有效的灾害判识，一些流域未能设置防治措施，导致其在 2019 年首次暴发大型泥石流时，遭受了严重损失，如汶川县板子沟。这次事件也体现出强震后山区灾害风险管理面临的严峻挑战。

由于经验与资料不足，加上地质环境复杂，现今我国还并未形成较成熟的风险管理体系。通过此案例，以期更好地推动政府与科研单位进行更加紧密的合作，共同开发适用于我国复杂自然环境的灾害风险管理模式。

参 考 文 献

郭华东 .2018. 让科技创新护航"一带一路". 科技传播，10(18): 3.

刘洁，陈明美，陈方 .2016. 参与领域全球治理 空间认知"一带一路". 科学新闻，(6): 43-45.

刘卫东，Dunford M，高菠阳 . 2017. "一带一路"倡议的理论建构——从新自由主义全球化到包容性全球化 . 地理科学进展，36(11): 1321-1331.

罗明，莫家伟，李长顺，等 . 2010. 汶川地震灾区都江堰市地质灾害详细调查成果报告 . 全国地质资料馆，doi:10.35080/n01.c.138906.

裴艳茜，邱海军，胡胜，等 . 2018. "一带一路"地区滑坡灾害风险评估 . 干旱区地理，41(6): 1225-1240.

杨思全 . 2016. 聚焦业务协同着力打造全国减灾科技支撑能力 . 中国减灾，(21): 12-15.

Bos F, Zwaneveld P.2017, Cost-benefit analysis for flood risk management and water governance in the Netherlands: an overview of one century: the 19th BIOECON Conference, Tilburg.

Dai F C, Xu C, Yao X, et al. 2011. Spatial distribution of landslides triggered by the 2008 Ms 8.0 Wenchuan earthquake, China. Journal of Asian Earth Sciences, 40(4): 883-895.

Department for Environment Food & Rutal Affairs. 2014. The National Flood Emergency Framework for England. https://assets.publishing.service.gov.uk/government/uploads/system/uploads/attachment_data/file/388997/pb14238-nfef-201412.pdf [2019-11-9].

Dixit M A M. 2003. The community based program of NSET for earthquake disaster mitigation. International Conference on Total Disaster Risk Management, 2: 4.

Domènech G, Fan X, Scaringi G, et al. 2019. Modelling the role of material depletion, grain coarsening and revegetation in debris flow occurrences after the 2008 Wenchuan earthquake. Engineering Geology, 250: 34-44.

EU. 2000. EU water framework directive. https://www.pianc.org/eu-water-framework-directive [2019-11-10].

EU. 2007. Directive 2007/60/EC of the European parliament and of the council of 23 October 2007 on the assessment and management of flood risks. https: //eur-lex.europa.eu/legal-content/EN/ALL/?uri=CELEX: 32007L0060 [2019-11-10].

Fan X, Scaringi G, Korup O, et al. 2019. Earthquake-induced chains of geologic hazards: patterns, mechanisms, and impacts. Reviews of Geophysics, 57(2): 421-503.

Koningsveld M, Otten C J, Mulder J P M. 2008. Dunes: the Netherlands soft but secure sea defences. Western Dredging Association, Session 2B: Beneficial Uses of Dredging, Proceedings and Presentations.

Lin C W, Liu S H, Lee S Y, *et al.* 2006. Impacts of the Chi-Chi earthquake on subsequent rainfall-induced landslides in central Taiwan. Engineering Geology, 86(2): 87-101.

Lin C W, Shieh C L, Yuan B D, *et al.* 2004. Impact of Chi-Chi earthquake on the occurrence of landslides and debris flows: example from the Chenyulan River watershed, Nantou, Taiwan. Engineering Geology, 71(1-2): 49-61.

Ministerie van Veiligheid en Justitie. 2013. Safety regions act. https://www.government.nl/documents/decrees/2010/12/17/dutch-security-regions-act-part-i [2020-12-11].

Ministry of Infrastructure and the Environment Ministry of Economic Affairs of Netherlands. 2015. National Water Plan 2016-2021. https://www.government.nl/documents/policy-notes/2015/12/14/national-water-plan-2016-2021 [2020-12-11].

Rijkswaterstaat. 2011. Water Management in the Netherlands. https://www.rijkswaterstaat.nl [2020-12-23].

Rijkswaterstaat. 2016. the Dutch Room for the River Programme. https://www.roomfortheriver.nl [2020-12-23].

Tang C, Tanyas H, van Westen C J, *et al.* 2019. Analysing post-earthquake mass movement volume dynamics with multi-source DEMs. Engineering Geology, 248: 89-101.

Tang C, van Westen C J, Tanyas H, *et al.* 2016. Analysing post-earthquake landslide activity using multi-temporal landslide inventories near the epicentral area of the 2008 Wenchuan earthquake. Nat Hazards Earth Syst Sci, 16(12): 2641-2655.

UNDRR. 2005. Hyogo Framework for Action. https: //www.preventionweb.net/files/1037_hyogoframeworkforactionenglish.pdf [2019-11-10].

UNDRR. 2015. Sendai Framework for Disaster Risk Reduction. https: //www.unisdr.org/we/coordinate/sendai-framework [2019-9-14].

United Nations. 2016. Report of the open-ended intergovernmental expert working group on indicators and terminology relating to disaster risk reduction. https://www.preventionweb.net/files/50683_oiewgreportenglish.pdf [2019-10-10].

UN-SPIDER Knowledge Portal. 2019. Disaster Management Cycle. http: //www.un-spider.org/glossary/disaster-management-cycle [2019-10-10].

Xu C, Xu X, Yao X, *et al.* 2013. Three (nearly) complete inventories of landslides triggered by the May 12, 2008 Wenchuan M_W 7.9 earthquake of China and their spatial distribution statistical analysis. Landslides, 11(3): 441-461.

Yang W, Qi W, Zhou J. 2018. Decreased post-seismic landslides linked to vegetation recovery after the 2008 Wenchuan earthquake. Ecological Indicators, 89: 438-444.

第 5 章

"一带一路"
减灾工作展望

"人类对自然规律的认知没有止境，防灾减灾、抗灾救灾是人类生存发展的永恒课题。科学认识致灾规律，有效减轻灾害风险，实现人与自然和谐共处，需要国际社会共同努力。中国将坚持以人民为中心的发展理念，坚持以防为主、防灾抗灾救灾相结合，全面提升综合防灾能力，为人民生命财产安全提供坚实保障。"

——习近平

在《仙台框架》与《2030年可持续发展议程》两个协定对减轻灾害风险与可持续发展的迫切需求下，结合"一带一路"地区社会、经济全面发展所面临的多种灾害风险与挑战下，"一带一路"地区自然灾害风险评估及其风险管理取得了初步进展。

科研合作：围绕多灾种和跨界灾害风险防控及综合减灾目标，部分国家开展了科技减灾合作研究，初步建立了自然灾害数据库，包括基础地理数据库、孕灾环境数据库等，为现阶段自然灾害风险评估与管理提供科学数据支撑。

灾害风险评估：开展了不同尺度的自然灾害风险评估，并为灾害的风险管理提供了科学依据。

科研成果转化：通过研究地震、地质、海洋和气象灾害定量风险分析理论，制作了不同尺度、不同灾种的多维度灾害风险评估产品，逐渐应用至重大工程和基础设施的规划与建设。

区域合作：依托自然灾害机理研究、风险评估结果、信息共享平台建设等国际合作，逐步探索灾害风险协同管理机制，发挥相关国际组织、科研机构等各方力量，为区域防灾减灾做出贡献。

然而，为了更好地规避"一带一路"地区灾害风险，实现社会经济可持续发展的最终目标，现阶段还面临着以下问题：首先，"一带一路"地区目前尚缺乏覆盖全区域的灾害风险管理相关法律和合作框架，作为评判一个区域灾害防控能力的重要指标，健全的法律法规和合作框架是灾害相关行为的指导纲领，有助于规范区域内灾害风险管理、相关合作等行为；其次，顺畅的数据信息交流是灾害研究的基础，是正确开展和认识区域内各个尺度灾害风险的关键。然而，由于"一带一路"地区涉及国家多、灾害管理机制多样、国际关系复杂，目前该区域缺乏一个为各个国家地区开放的数据交流、管理的机制和平台；此外，由于区域内国家地区发展不平衡，抵抗灾害风险能力差异大，欠缺区域内所有国家和地区都可负担的减灾技术，尤其是针对重大工程和基础设施建设的防灾减灾技术。

在"一带一路"倡议和《仙台框架》下，各个国家地区逐步步入自然灾害风险区域协同管理的新时代。立足当下，展望未来，各方在不同层面上可以从以下方面发挥自身优势，总体布局，优先发展，点上突破，面上推广，推动经济发展、社会发展、环境保护三者相协调的区域可持续发展，实现"一带一路"地区人民对美好生活的向往。

1. 国家政府层面

（1）加强高层领导互访交流，建立"一带一路"地区防灾减灾协同管理机制，推进签订国家间相关协议，如"一带一路"灾害大数据平台框架协议等，构建适合该区域协同管理灾害风险的合作框架。

（2）推进和完善灾害风险管理方面的法律法规，同时提高科学家在制定过程中的参与度与影响力，实现基于客观科学证据的政策制定（sciences-informed decision making）。

（3）加大防灾减灾方面的科研与教育投入，提高科研工作者待遇，以科技创新驱动可持续发展，着重加强经济、社会、环保三者的协同。

（4）充分利用保险等金融手段的经济补偿作用，积极建立更加完善的巨灾保险机制，降低和转移灾害风险，减少政府在灾后重建中的财政压力，缩短灾后重建周期，使受灾国家地区和人民尽快从灾害中恢复。

2. 科研层面

（1）推动"一带一路"地区数据标准制定，建设"一带一路"自然灾害大数据平台，并完善基于大数据平台的灾害生态圈建设，提高平台用户数据获取、同化和交换的效率。

（2）重视灾害（链）形成、运动与成灾全过程机理研究，优化基于灾害机理的风险定量评估模型，提高自然灾害综合风险评估精度。

（3）加强科研成果的转换，开发和推广重大工程、基础设施减灾技术，特别是提供针对欠发达国家可负担的减灾方案（affordable solution）。

3. 自组织组织（self-organizing organization）层面

（1）充分发挥自组织组织（如非政府组织、私人企业）沟通协调的灵活性和整合资源能力的优势，通过自下而上的方式管理灾害风险，与区域国家宏观自上而下的灾害风险管理相辅相成，尤其是在灾害自救和自助灾害管理方面，从而提高社区抵抗灾害风险的能力。

（2）加强各个相关组织之间以及各组织与政府的联系，建立不完全以政府为主导的多元协调灾害风险管理联动机制。

附录一　术　　语

灾害（disaster）：由于危险事件与接触、脆弱性和能力相互作用而导致一个社区或社会的运作受到任何规模的严重扰乱，造成产生人员、物质、经济和环境中的一项或多项的损失和影响。根据灾害规模，联合国减灾署将灾害分为小规模灾害和大规模灾害，根据灾害的发生频率分为频发和偶发灾害，根据灾害发生速度分为缓发性灾害和突发性灾害。

危险性（hazard）：可能导致生命损失、伤害或其他健康影响、财产损害、社会和经济破坏或环境退化的过程、现象或人类活动。危害可能是自然的、人为的或社会自然的。自然灾害主要与自然过程和现象有关。

易损性（vulnerability）：易损性与脆弱性有区别，脆弱性是指在敏感性和可靠性方面可能遭受的伤害或损失（Benson and Clay，2002），是对任何危险事件的不良反应。它从物理、社会、经济或制度方面衡量相关风险。易损性是指在发生危险事件时，系统或系统的一部分可能做出不利反应的程度（Pratt *et al.*，2004；UNISDR，2009）。联合国减灾署将易损性定义为：由物理、社会、经济和环境因素或过程决定的条件，在这些因素或过程中增加了个人、社区、资产或系统对危险影响的敏感性。

暴露度（exposure）：暴露度是风险的 3 个主要组成部分之一（暴露度、易损性和危险性），有时与易损性互换使用（Schneiderbauer and Ehrlich，2004）。暴露可以定义为危险区域内的人员、财产、系统或任何其他可能遭受损失的元素（史培军，1996；UNISDR，2009）。

风险（risk）：风险的概念来自保险，风险是对有价值的东西存在潜在损失的可能性。

灾害风险（disaster risk）：灾害风险可以表示为特定灾害事件造成人员和财产损失的可能性（UNISDR，2009）。

EM-DAT 灾害事件统计标准：① 超过 10 人死亡；② 超过 100 人受到影响；③ 宣布进入紧急状态；④ 请求国际援助（至少满足以上 4 个条件之一）。

参 考 文 献

史培军 . 1996. 再论灾害研究的理论与实践 . 自然灾害学报 , (4): 6-17.

Benson C, Clay E. 2002. Bangladesh: Disasters and Public Finance. Washington: World Bank.

UNISDR. 2009. UNISDR terminology on disaster risk reduction. Geneva: UNISDR. https://www.preventionweb.

net/ publications/view/7817.

Schneiderbauer S, Ehrlich D. 2004. Risk, hazard and people's vulnerability to natural hazards: a review of definitions, concepts and data. European Commission Joint Research Centre. EUR, 21410: 40.

附录二 自然灾害风险评估方法

1. 单灾种风险评估方法

自然灾害风险评估是厘清灾前预防、灾后减灾、灾害风险管理，以及救助资源分配的必要前提与基础。其重要性体现在能够展示未来灾害发生并造成损失的可能性，其结果可以为城乡规划、产业布局、商业投资等提供直观、有效的参考依据。

自然灾害风险评估包括灾害危险性与承灾体易损性两个重要组成部分，灾害危险性反映灾害的潜在影响程度，承灾体易损性描述灾害作用下特定承灾体潜在破坏程度，主要反映了承灾体自身强度、数量与价值等。自然灾害风险评估主要分为定性、半定量和定量的形式（Varnes，1984；Fell，1994；van Westen et al.，2006）。定性风险评价的参考性较为有限，但由于需求的数据量小，应用较为广泛（Abella and van Westen，2007；Akgun et al.，2012），尤其是在大尺度（如国家尺度）的风险评估上。半定量评估一般用于数据不足以支撑定量评估的情况，也具有良好的参考价值，如定量的危险性（如 2m 泥石流泥深）× 定性的易损性（如高价值建筑），或定性的危险性（如洪水高危险性 × 定量的易损性）（如 50m 国道）（Gentile et al.，2008；Finlay et al.，1999）。定量方法形式的选取则是根据灾害的性质、所掌握数据量、技术手段的可用性、评估目的决定的。定量的评估以量化的数字为形式，如 GDP、人口、建筑数量、建筑面积等。这种评估需要的数据量大，难以获取，但其结果具有高参考价值（Kappes et al.，2012），如损失 10 万元 /a。

风险评估方法的难点与多样性主要体现在灾害危险性评价的方法差异上。在风险评估的要素中，易损性可以根据实际情况进行统计评价，通常不确定性很小，而危险性是对于未来发生灾害可能性的指标评价，有着很大的不确定性。同时，这种不确定性会根据技术手段、数据量、数据精度与评价人的知识水平而放大（van Westen et al.，2006）。常用的危险性评价方法包括资料统计分析（Guzzetti et al.,2005）、类比实验（Schellart and Strak，2016）、模糊数据（Zou et al.，2013；Kanungo et al.，2008）、神经网络（Shahi et al.，2019；Kawabata and Bandibas，2009）、概率模型（Orencio，Fujii，2013）和物理模型（Fread，1991；Reid et al.，2015；van Asch et al.，2013）。随着 3S 技术的应用，遥感与 GIS 的加入也丰富了风险评估的手段（Akgun，et al.，2011；van Westen，2013）。根据灾害的种类性质、评价尺度与数据量选取适用的手段是合理评价风险的关键。

本附录的重点是阐述本书中使用的灾害风险评估方法，基于自然灾害风险评估模型，构建灾害危险性与承灾体易损性的风险评估方法体系，评估"一带一路"地震、地质、干旱、洪水灾害风险。考虑海洋灾害致灾机理的复杂性，以及承灾体的特殊性，将海洋灾害风险评估方法单独介绍。当灾害风险评估最小尺度为国家尺度时，评价工作受制于灾害动力学参数、承灾体特征数据的限制，无法将小尺度精细化风险评估参数、过程及方法直接引入区域大尺度风险评估中。因此，本书主要使用了现阶段较为广泛使用的灾害风险评估方法，即针对不同类型灾害致灾机理与影响方式，融合多个致灾因子、孕灾条件、承灾条件组成的指标体系，并用层次分析法、专家打分法等方法确定指标权重，进而计算并确定灾害风险度分布与风险分区。

2. 单灾种风险评估方法

地震、地质、干旱与洪水风险评估体系是在构建灾害危险性与承灾体易损性指标基础上的加权融合，即风险是危险性与易损性的乘积：

$$R =(H \times H_{w}) \times (V \times V_{w}) \tag{1}$$

式中，R 为灾害风险；H 与 V 分别为危险性与易损性，而 H_{w} 与 V_{w} 则表征各自权重值。而风险评估体系中的权重值则利用层次分析法计算。

其中，灾害危险性与承灾体易损性是对应指标体系的综合结果，可以表示为

$$H=h_1w_1 \times h_2w_2 \times \cdots \times h_iw_i \ (i=1,2,3,\cdots,n) \tag{2}$$

$$V= v_1w_1 \times v_2w_2 \times \cdots \times v_jw_j \ (j=1,2,3,\cdots,m) \tag{3}$$

式中，H 为危险性；h 为危险性体系中的基础指标；i 为第 i 个指标，指标数量共 n 个；V 为易损性；v 则为易损性体系中的基础指标；j 为第 j 个指标，指标数量共 m 个；w 则为对应指标的权重，$w_1+w_2+\cdots+w_n=1$。

3. 权重确定方法：层次分析法

层次分析法（analytic hierarchy process，AHP）是由 Saaty 提出的通过定量化公式表达定性分析结果的多目标决策分析方法（Saaty，2001），该方法首先将各指标数据进行无量纲化，并赋予两两判断矩阵从而量化数据，得到每个指标的权重，简洁实用，目前已在多个领域得到成熟应用并取得一定成果。其具体计算步骤为：

（1）将影响因子分层，建立地质灾害风险评估体系：

构建"一级指标 A —二级指标 B —三级指标 C"的灾害风险评估体系，A、B、C 分别代表风险层、危险性与易损性目标层以及基础指标层，便于进行权重计算。

（2）将同级指标层的各指标配对比较构成判断矩阵：

$$A= \begin{bmatrix} a_{11} & \cdots & a_{1n} \\ a_{21} & \cdots & a_{2n} \\ \cdots & & \cdots \\ a_{n1} & \cdots & a_{nn} \end{bmatrix} (i=1,2,3,\cdots,n; \ j=1,2,3,\cdots,n) \tag{4}$$

式中，指标之间（a_{ij}）的标度方法如附表 2.1 所示。

附表 2.1　九级标度参照表

标度	含义
1	表示两个因素相比，具有同样重要性
3	表示两个因素相比，一个因素比另外一个因素稍微重要
5	表示两个因素相比，一个因素比另外一个因素明显重要
7	表示两个因素相比，一个因素比另外一个因素强烈重要
9	表示两个因素相比，一个因素比另外一个因素极端重要
2，4，6，8	上述两相邻判断的中值
倒数	因素 i 和 j 比较的判断 a_{ij}，则因素 j 和 i 比较判断 $a_{ij}=i/a_{ji}$

（3）通过求解 A 的特征值，即可得到对应的特征向量，经归一化后得到的权重向量为

$$W = w_1, w_2, \cdots, w_n \tag{5}$$

式中，w_i 即为不同指标的相对权重。

（4）一致性检验，定量表征判断结果的可靠性。一致性检验公式为

$$\text{Index}_{con} = \frac{\alpha_{\max} - n}{n-1} \tag{6}$$

式中，CI 值等于 0 时，有完全的一致性；当 CI 值接近于 0 时，有满意的一致性；CI 值越大，一致性越小。为了衡量 CI 值，引入随机一致性指标 Indexrad（附表 2.2）。

附表 2.2　随机一致性参照表

一致性指标	1	2	3	4	5	6	7	8	9	10	11
Indexrad	0	0	0.58	0.90	1.12	1.24	1.32	1.41	1.45	1.49	1.51

（5）通过引入随机一致性指标，计算一致性比例：

$$\text{Index}_{res} = \frac{\text{Index}_{con}}{\text{Index}_{rad}} \tag{7}$$

当一致性比率 $\text{Index}_{res} < 0.1$ 时，认为具有较为满意的一致性，通过一致性检验，否则将重复步骤（2）调整判断矩阵，直到通过一致性检验。

4. 不同类型灾害风险评估方法

1）地震灾害

A. 评估指标及其数据来源

地震风险评估中地震危险性则由超越概率为 10%（相当于重现期 475 年）的地表水平向地震动峰值加速度（PGA）计算得到。易损性则由 GDP 密度与人口密度组成，分别表征承灾体的经济与人口易损性（附表 2.3）。

附表 2.3　地震风险评估指标与数据来源

风险层	目标层	指标层	数据来源	网址
风险	危险性	PGA/g	美国地质调查局（USGS）	https://earthquake.usgs.gov/earthquakes/eventpage/us20002926#map
	易损性	GDP 密度 /（USD/km²）	社会经济数据和应用中心	http://sedac.ciesin.columbia.edu/data/set/spatialecon-gecon-v4/
		人口密度 /（人 /km²）	社会经济数据和应用中心	http://dx.doi.org/10.7927/H4D50JX4

B. 评估流程

地震风险评估主要基于层次分析法确定地震危险性与易损性指标权重，并利用 ArcGIS 空间分析对各指标进行叠加融合。其具体评估流程如附图 2.1 所示。

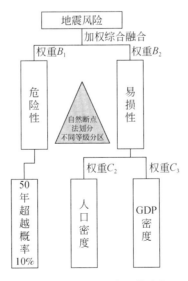

附图 2.1　地震风险评估流程

C. 评估体系及分级标准

地震危险性分级标准依据抗震设防烈度标准与 PGA 之间的关系，结合不同标准下地震发生强度对构筑物形成的危险程度,设定地震危险性分级标准(附表2.4)。依据专家打分,确定地震灾害易损性的分级标准(附表2.5)。地震风险分级采用聚类分析,使各风险等级内部风险值差异性最小且各风险等级之间风险值差异性最大的原则,确定分级阈值,划分等级。具体风险分级标准见附表2.6。

附表 2.4　地震危险性分级标准

危险性等级	极低危险	低危险	中等危险	高危险	极高危险
PGA/g	0～0.05	0.05～1	0.1～0.2	0.2～0.4	0.4～1.0
设防标准	五度	六度	七度	八度	九度

附表 2.5　地震易损性分级标准

易损性等级	极低易损	低易损	中等易损	高易损	极高易损
易损度	0～0.43	0.43～0.56	0.56～0.67	0.67～0.79	0.79～1.00

附表 2.6　地震风险分级标准

风险等级	极低风险	低风险	中等风险	高风险	极高风险
风险度	0～0.43	0.43～0.56	0.56～0.67	0.67～0.79	0.79～1.00

2）地质灾害

A. 数据来源

地质灾害风险评估过程中的数据来源见附表2.7。地质灾害危险性使用多年平均降水量与强度大于5级的地震密度作为诱发因素指标,距离河网的距离作为水文气象指标,坡度与地形起伏度作为地形地貌指标,工程地质岩组作为地质构造指标。易损性则使用了夜间灯光指数与人口密度作为表征指标。附表2.7的高程模型被用于计算坡度与起伏度,滑坡灾害点被作为危险性评估结果的验证数据,公路网与死亡人口、经济损失数据则作为易损性评估结果的验证数据。

附表 2.7　数据来源

数据	年份	分辨率	数据单位	数据来源
多年平均降水量	1901～2013	矢量数据	mm	美国国家海洋和大气管理局
＞5级地震震中	1970～2015	矢量数据	M_S	中国地震台网（CSN）
河网	2010	矢量数据	km	美国地质调查局（USGS）
高程模型	—	1×1	km	美国地质调查局（USGS）
坡度	—	1km×1km	(°)	由高程模型计算得出

续表

数据	年份	分辨率	数据单位	数据来源
地形起伏度	—	1×1	km	由高程模型计算得出
工程地质岩组	2012	$0.5° \times 0.5°$	—	地球与环境科学数据出版商（PANGAEA）
夜间灯光指数	2013	$0.5° \times 0.5°$	DN 值	美国国家海洋和大气局
人口密度	2010	$0.5° \times 0.5°$	人 $/km^2$	社会经济数据和应用中心
公路网	—	矢量数据	km	社会经济数据和应用中心
滑坡灾害点	2003、2007～2009	矢量数据	个	热带测雨卫星（TRMM）
死亡人口	1900～2015	矢量数据	人	突发事件数据库（EM-DAT）
经济损失	1900～2015	矢量数据	USD	突发事件数据库（EM-DAT）

B. 评估流程及方法

地质灾害主要分布在坡度、地形起伏度较大的山地和丘陵地区，因此在针对地质灾害风险评估之前，需要首先筛选地质灾害"安全区"。"安全区"是指地势平坦的平原、盆地等地形区对于地质灾害来说是相对安全的区域（曹璞源等，2017；杨冬冬等，2017）。基于 DEM 提取坡度小于 10°、地形起伏度小于 20m 的地区被设置为安全区域。考虑 DEM 分辨率（1km×1km）对结果的影响，对安全区域的矢量图层向内做 1km 缓冲，得到安全区域。

"一带一路"地质灾害风险评估在层次分析法的基础上，加入模糊评估模块，构建模糊层次分析法，进而开展地质灾害风险分析。该方法是一种有效、多目标、多标准的决策方法（Chang，1996；Leung and Cao，2000；Zimmermann，2011），相比层次分析法，该方法更适用于多种指标无量纲化后的权重决策，因此适用于地质灾害风险评估。评价过程主要包括 4 个关键步骤。

a. 将影响因子分层，构造地质灾害风险评估体系

构建"目标层 A—准则层 B—次指标层 C—指标层 D"4 级地质灾害风险评估体系进行权重计算。

b. 矩阵中同层次不同指标相比关系值用 0.1～0.9 的标度给出（附表 2.8）。

附表 2.8 模糊判断矩阵标度法及其说明

标度	定义	说明
0.5	同等重要	两元素相比较，同等重要
0.6	稍微重要	两元素相比较，一元素比另一元素稍微重要

标度	定义	说明
0.7	明显重要	两元素相比较，一元素比另一元素明显重要
0.8	重要得多	两元素相比较，一元素比另一元素重要得多
0.9	极端重要	两元素相比较，一元素比另一元素极端重要
0.1、0.2、0.3、0.4	反比较	若元素 a_i 与元素 a_j 相比得到判断 r_{ij}，则元素 a_j 与元素 a_i 相比较得到的判断为 $r_{ji}=1-r_{ij}$

注：a_i、a_j 表示不同因子；r_{ij} 是 a_i 比 a_j 重要程度的度量。

c. 构造模糊判断一致矩阵，计算各指标综合权重。

对判断矩阵 $R=(r_{ij})n \times n$ 按行求和，记 r_i 为

$$r_i=\sum_{k=1}^{n} r_{ik} \tag{8}$$

模糊一致矩阵各元素值为

$$r_{ij}=\frac{(r_i-r_j)}{2n}+0.5 \tag{9}$$

由上述所得模糊判断一致矩阵求各指标的权重，其公式为

$$w_i=\frac{1}{n}-\frac{1}{2\alpha}+\frac{\sum_{j=1}^{n} r_{ij}}{n\alpha} \quad (i=1,2,\cdots,n) \tag{10}$$

式中，参数 α 满足 $\alpha \geqslant (n-1)/2$。

d. 模糊判断一致矩阵一致性检验。

根据矩阵间相容性指标式（11）求出模糊一致矩阵与其特征矩阵的相容性指标 I，当相容性指标 $I \leqslant 0.1$ 时，认为该模糊一致矩阵符合一致性。如果模糊一致矩阵不符合一致性，则需要对该模糊判断矩阵进行调整，使其符合一致性（孟广文和刘铭，2011）：

$$I=\frac{1}{n^2}\sum_{i=1}^{n}\sum_{j=1}^{n}\left|a_{ij}-b_{ji}-1\right| \tag{11}$$

经检验，此次评估所构建的模糊判断矩阵对应的模糊判断一致矩阵与其特征矩阵之间的相容系数均小于0.1，可以认为，构造的模糊判断矩阵符合一致性。最终得出 D 层9个指标的综合权重、分级阈值及排序情况。

综上所述，利用模糊层次分析法求得地质灾害危险性，以及易损性各指标权重，结合 ArcGIS 空间分析与自然断点法，将各指标分别叠加融合，并划分不同等级的危险性、易损性，以及风险空间分布区划。地质灾害风险评估流程图如附图2.2所示。

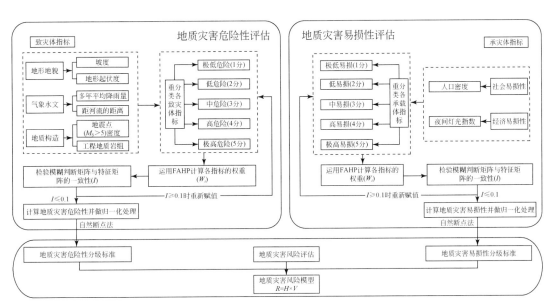

附图 2.2　地质灾害风险评估流程

C. 评估体系及分级标准

具体内容见附表 2.9 和附表 2.10。

附表 2.9　地质灾害风险评估体系及指标分级

		评价指标	I 极低 1分	II 低 2分	III 中等 3分	IV 高 4分	V 极高 5分	权重	排序
A 风险评估体系	危险性体系 B1	C1 地貌特征	D1 坡度 / (°)	< 8, 70 ~ 90	8 ~ 15, 45 ~ 70	15 ~ 25	25 ~ 35	35 ~ 45	0.204	1
			D2 地形起伏度 / m	0 ~ 200	200 ~ 500	500 ~ 900	900 ~ 1700	> 1700	0.167	3
		C2 水文气象	D3 距河流的距离 / m	> 2000	1500 ~ 2000	1000 ~ 1500	500 ~ 1000	< 500	0.191	2
			D4 多年平均降水量 / mm	< 100 > 1600	100 ~ 200 800 ~ 1600	200 ~ 400	400 ~ 600	600 ~ 800	0.138	6
		C3 地质构造	D5 地震点密度 / (个 /km²)	< 2 × 10⁻⁶	$2 \times 10^{-6} \sim 1 \times 10^{-5}$	$1 \times 10^{-5} \sim 6 \times 10^{-5}$	$6 \times 10^{-5} \sim 3 \times 10^{-4}$	$3 \times 10^{-4} \sim 2 \times 10^{-3}$	0.154	4
			D6 岩性	极坚硬岩	硬质岩	中等岩	软质岩	土质	0.146	5
	损失体系 B2	C4 社会损失	D7 人口密度 / (人 /km²)	< 20	20 ~ 40	40 ~ 80	80 ~ 160	> 160	0.39	1
		C5 物质损失	D8 公路线密度 / (km/km²)	$< 3 \times 10^{-3}$	$3 \times 10^{-3} \sim 1 \times 10^{-2}$	$1 \times 10^{-2} \sim 2 \times 10^{-1}$	$2 \times 10^{-1} \sim 3 \times 10^{-1}$	$3 \times 10^{-1} \sim 9 \times 10^{-1}$	0.32	2
		C6 经济损失	D9 夜间灯光指数	< 4	4 ~ 5	5 ~ 10	10 ~ 20	20 ~ 60	0.29	3

附表 2.10　地质灾害危险性、易损性及风险分级标准

评价等级	Ⅰ 极低	Ⅱ 低	Ⅲ 中等	Ⅳ 高	Ⅴ 极高	权重
危险性等级	0～0.11	0.11～0.23	0.23～0.35	0.35～0.51	0.51～1.00	0.5
易损性等级	0～0.1	0.1～0.3	0.3～0.5	0.5～0.7	0.7～1.0	0.5
风险等级	0～0.07	0.07～0.17	0.17～0.3	0.3～0.47	0.47～1.00	—

3）洪水灾害

A. 评估指标及其数据来源

洪水危险性评估结合洪水发生的主要激发因素及其孕灾条件重要程度等，选取降水数据作为诱发指标，选取海拔标准差、河网密度、植被长势作为孕灾指标，而易损性则结合大尺度研究下综合体现洪水可能威胁的农作物、构筑物及人口因素，选取人口密度社会损失指标，选取国内生产总值与耕地面积比例作为经济损失指标。其指标数据来源如附表 2.11 所示。

附表 2.11　评估指标与数据来源

	数据名称	数据来源	网址	数据处理
自然地理数据	汛期最大降水量	东英吉利大学理学院环境科学学院 Climatic Research Unit（CRU）TS4.01	http://www.cru.uea.ac.uk	汛期最大月降水量（mm）
	海拔标准差	USGS，Global Multi-resolution Terrain Elevation Data 2010	https://topotools.cr.usgs.gov/gmted_viewer	ArcGIS 邻域分析
	植被指数	美国国家航空航天局	https://phenology.cr.usgs.gov/ndvi_avhrr.php	ArcGIS 叠加分析
	河网	世界野生美国地质勘探局的动物基金会自然保护科学项目	https://hydrosheds.cr.usgs.gov	NDVI =（NIR−R）/（NIR+R）
社会经济数据	人口密度	美国国家航空航天局社会经济数据与应用中心，Gridded Population of the World，Version 4	http://dx.doi.org/10.7927/H4D50JX4	人口密度＝常住人口／土地面积
	GDP	美国国家航空航天局社会经济数据与应用中心，Global Gridded Geographically Based Economic Data（G-Econ），Version 4	http://sedac.ciesin.columbia.edu/data/set/spatialecon-gecon-v4	单位面积 GDP/GDP 土地面积
	耕地面积百分比	欧洲空间局（European and Space Agency，ESA）和卢万天主教大学（the Université Catholique de Louvain）联合发布，GLOBCOVER2009	http://due.esrin.esa.int/page_globcover.php	耕地面积比＝农田面积／土地面积

B. 评估流程

通过层次分析法确定洪水危险性、易损性及其各自组成指标的权重，并利用参数标准化模型对各指标进行无量纲化，后利用 ArcGIS 空间分析对多个指标叠加融合，获得洪

水风险空间分布，最终通过统计各栅格数据层直方图的均值和标准差，采用均值-标准差方法，对风险结果划分为5个等级区：极低风险区、低风险区、中等风险区、高风险区和极高风险区。评估流程详见附图2.3。

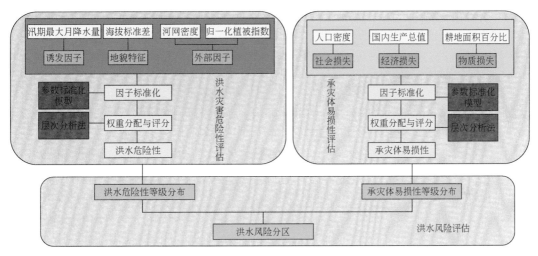

附图 2.3　洪水灾害评估流程

此外，由于在洪水危险性评估过程中，海拔标准差与归一化植被指数两个指标为负向指标，即随海拔标准差与归一化植被指数的提高，能够在一定程度上降低洪水危险性，与危险性为负相关关系。因此，其参数标准化方法有别于正向指标，具体正向与负向标准化公式如下：

正向指标采用：

$$a=0.1+\frac{I-I_{\min}}{I_{\max}-I_{\min}}\times(0.9-0.1) \tag{12}$$

负向指标采用：

$$a=0.1+\frac{I_{\max}-I}{I_{\max}-I_{\min}}\times(0.9-0.1) \tag{13}$$

式中，a 为标准化数据，值域范围在 $0.1\sim0.9$；I 为原始数据；$I_{\max}$，$I_{\min}$ 分别为原始数据的最大、最小值。

C. 评估体系及分级标准

根据附表2.12可知，在洪水危险性评估体系中，汛期最大月降水量作为洪水最主要的形成条件，权重最高，为0.5870；其次为河网密度（0.2478）、海拔标准差（0.1012）及归一化植被指数（0.0640）。而在易损性评估体系中，人作为承灾体中最易遭受洪水威胁的对象，同时也是灾前预警与灾后救助的最重要对象，人口密度所占比例最高，为0.6442，同时也是洪水风险评估体系中最重要的指标；其次为国内生产总值与耕地面积百分比，分别占 0.2706 和 0.0852。

附表 2.12　洪水风险评估体系

目标层	准则层	权重	指标层	权重	组合权重
洪灾风险评估指标体系	危险性	0.50	汛期最大月降水量 /mm	0.5870	0.2935
			海拔标准差 /m	0.1012	0.0506
			河网密度 /（km/km²）	0.2478	0.1239
			归一化植被指数	0.0640	0.0320
	易损性	0.50	人口密度 /（人 /km²）	0.6442	0.3221
			国内生产总值 /（万元 /km²）	0.2706	0.1353
			耕地面积百分比 /%	0.0852	0.0426

4）干旱灾害

A. 数据来源

干旱危险性评估结合干旱发生频次与强度，选取标准化降水蒸散指数（SPEI）表征其干旱危险程度，而脆弱性则结合大尺度研究下综合体现干旱可能威胁的农作物、建筑物、构筑物及人口因素，选取灌溉用地面积百分比、作物产量、人口密度、国内生产总值、植被长势综合表征。其数据来源如附表 2.13 所示。

附表 2.13　数据来源

	数据名称	数据来源	网址	数据处理
自然地理数据	降水与潜在蒸散发数据	东英吉利大学理学院环境科学学院 Climatic Research Unit（CRU）TS4.01	http://www.cru.uea.ac.uk	SPEI
	全球空间分类作物生产统计数据	国际粮食政策研究所（International Food Policy Research Institute，IFPRI）和国际应用系统分析研究所（International Institute for Applied Systems Analysis，IIASA）发布	https://dataverse.harvard.edu/dataset.xhtml? persistentId= doi:10.7910/DVN/DHXBJX	作物产量
社会经济数据	国内生产总值	美国国家航空航天局（National Aeronautics and Space Administration，NASA）和社会经济数据与应用中心（Socioeconomic Data and Applications Center，SEDAC）	http://sedac.ciesin.columbia.edu/data/set/spatialecon-gecon-v4	单位面积 GDP/GDP 土地面积
	人口密度	美国国家航空航天局（NASA）和社会经济数据与应用中心（SEDAC）发布	http://beta.sedac.ciesin.columbia.edu/data/collection/gpw-v4/documentation；http://beta.sedac.ciesin.columbia.edu/data/collection/gpw-v4/methods/method1	人口密度 = 常住人口 / 土地面积

续表

	数据名称	数据来源	网址	数据处理
社会经济数据	灌溉农业分布	联合国粮食及农业组织（Food and Agriculture Organization of the United Nations，FAO）和德国波恩 Rheinische Friedrich-Wilhelms-Universität 的土地和水资源司	http://www.fao.org/nr/water/aquastat/irrigationmap/index.stm	灌溉面积比＝农田面积／土地面积
	归一化植被指数	NASA 提供的 MODIS（MOD13）网格数据集	https://modis.gsfc.nasa.gov/data/dataprod/dataproducts.php?MOD_NUMBER=13	NDVI＝（NIR−R）／（NIR+R）

B. 评估流程与方法

基于层次分析法确定干旱危险性、脆弱性及其各自组成指标的权重，并利用参数标准化模型对各指标进行无量纲化，后利用 ArcGIS 空间分析对多个指标叠加融合，获得干旱风险空间分布，最终通过统计各栅格数据层直方图的均值和标准差，采用均值−标准差方法，对风险结果划分为 5 个等级：极低风险、低风险、中等风险、高风险和极高风险。评估流程见附图 2.4。

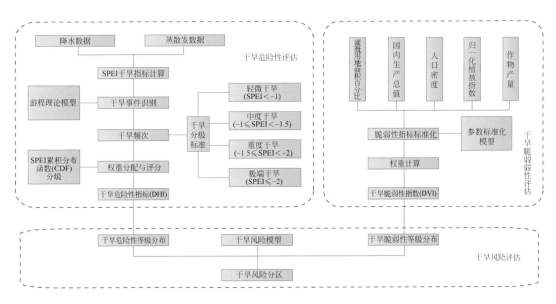

附图 2.4　干旱风险评估流程

其中，标准化降水蒸散指数（SPEI；Vicente-Serrano *et al.*，2010）是基于简单水平衡公式（降水−潜在蒸散发）（式（14））计算得到的一种干旱评价指标。SPEI 具备多种优势，如计算简单方便，具有灵活的时间尺度，空间比较性强。该干旱指数同时考虑了降水和蒸散两种因子，适合于全球各地区的干旱研究。目前，该干旱指标已经被广泛应用于各类干旱相关的研究中（Guo *et al.*，2018a，2018b；Wang Q. *et al.*，2015；Wang W. *et al.*，2015；Yang *et al.*，2016；Zhao *et al.*，2017）。因此由 SPEI 指数计算得到的干旱强度与频次可适用于大尺度范围的干旱危险性评估。

针对干旱强度，SPEI 基本计算步骤为

（1）降水与潜在蒸散发差值计算：

$$D_j = P_j - \text{PET}_j \qquad (14)$$

式中，j 为月份；D_j 为第 j 月的降水（P_j）与该月份潜在蒸散发（PET_j）的差值；

（2）P–PET 差值在不同时间尺度的累加；

（3）标准化处理；

（4）SPEI 计算。

$$p = 1 - F(x) \qquad (15)$$

$$w = \begin{cases} \sqrt{-2 \ln p} & p \leqslant 0.5 \\ \sqrt{-2 \ln(1-p)} & p > 0.5 \end{cases} \qquad (16)$$

$$\text{SPEI} = w - \frac{C_0 + C_1 w + C_2 w^2}{1 + d_1 w + d_2 w^2 + d_3 w^3} \qquad (17)$$

式中，$C_0 = 2.515517$；$C_1 = 0.802853$；$C_2 = 0.010328$；$d_1 = 1.432788$；$d_2 = 0.189269$；$d_3 = 0.001308$，这些系数均来自于 Vicente-Serrano 等（2010）。

SPEI 作为最主要的干旱衡量指标，在不同时间尺度下能够反映不同种类的干旱特征，在本书中，12 个月时间尺度的 SPEI（SPEI12）用来衡量研究区的干湿变化状况。同时，根据 SPEI 值大小，可将干旱分为轻微干旱、中度干旱、重度干旱和极端干旱 4 个等级，划分阈值如附表 2.2 所示。

此外，SPEI 能够通过降水与蒸散发变化表征干旱强度与频度，但干旱事件及其强度的识别则需结合游程理论共同研究，从而更加准确的识别干旱危险性。

游程理论由 Yevjevich（1967）提出，是识别干旱事件和表征干旱基本特征的最普遍应用的一种方法（Lee *et al.*，2017；Montaseri and Amiratace，2017）。一个游程为 SPEI 变量在时间序列中所有值低于或高于一个选定的阈值（−1），一个干旱事件即为一个负游程。

本节干旱事件定义一个 SPEI 最小值低于 −1 的负游程。其基本干旱特征，如开始时间、峰值时间、结束时间、干旱烈度和干旱严重度计算的相互关系如附图 2.5 所示。

如附图 2.5 所示，干旱开始时间即 SPEI 开始小于 0 的月份；干旱结束时间为 SPEI 值大于 0 且前一个月 SPEI 值小于 0 的时间；干旱持续时间定义为干旱结束时间与干旱开始时间的时间差，即干旱经历的月份数；干旱峰值为干旱持续时间内 SPEI 的最小值，其对应时间为干旱峰值时间；干旱烈度为干旱持续时间内 SPEI 的平均值；而干旱严重度为干旱持续时间内的累加值。

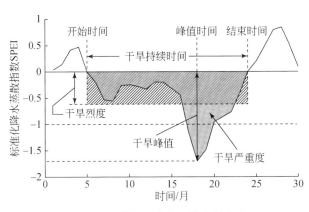

附图 2.5　游程理论与干旱事件定义

C. 评估体系及分级标准

与地震、地质、洪水灾害瞬时、极端的冲击方式不同，干旱的危害多属于长期、潜在性的，因此干旱的危险性评估体系主要依据 SPEI 指标识别干旱事件，并依据干旱的严重性和发生概率对干旱危险性分配权重和量化评级。首先，对不同干旱种类分配权重为 1～4，其次依据不同级别干旱的概率分布对每级别的干旱分为 4 个评分（附表 2.14）。最后，整合权重和评级来计算干旱危险指标（DHI）。

$$DHI=(MIL_R \times MIL_W)+(MOD_R \times MOD_W)+(SEV_R \times SEV_W)+(EXT_R \times EXT_W) \quad (18)$$

式中，MIL、MOD、SEV 和 EXT 分别为轻微干旱、中度干旱、重度干旱和极端干旱；下标 R 和 W 表示赋予的评分和权重。

依据上述不同等级的干旱权重，利用 ArcGIS 空间分析功能进行融合，并采用直方图统计法进行分类，划分干旱危险性为：极低危险、低危险、中等危险、高危险和极高危险。具体见附表 2.15。

附表 2.14　干旱危险等级评分表

干旱种类	权重	阈值	累积概率分布 /%	评分
轻微干旱（MIL）	1	DOP < 170	0～25	1
		170 < DOP < 190	25～50	2
		190 < DOP < 212.6	50～75	3
		DOP > 212.6	75～100	4
中度干旱（MOD）	2	DOP < 170	0～25	1
		170 < DOP < 190	25～50	2
		190 < DOP < 212.6	50～75	3
		DOP > 212.6	75～100	4

续表

干旱种类	权重	阈值	累积概率分布 /%	评分
重度干旱 （SEV）	3	DOP < 170	0 ～ 25	1
		170 < DOP < 190	25 ～ 50	2
		190 < DOP < 212.6	50 ～ 75	3
		DOP > 212.6	75 ～ 100	4
极端干旱 （EXT）	4	DOP < 170	0 ～ 25	1
		170 < DOP < 190	25 ～ 50	2
		190 < DOP < 212.6	50 ～ 75	3
		DOP > 212.6	75 ～ 100	4

附表 2.15　干旱灾害危险性、脆弱性及风险分级标准

评价指标	极低危险	低危险	中等危险	高危险	极高危险	权重
危险性	0 ～ 19.87	19.87 ～ 22.14	22.14 ～ 24.54	24.54 ～ 26.94	26.94 ～ 34.00	0.5
脆弱性	0 ～ 0.11	0.11 ～ 0.13	0.13 ～ 0.16	0.17 ～ 0.20	0.20 ～ 0.52	0.5
风险	0 ～ 2.47	2.48 ～ 3.04	3.04 ～ 3.73	3.73 ～ 4.88	4.88 ～ 14.56	—

干旱脆弱性评估体系则基于灌溉用地面积百分比、国内生产总值、人口密度、归一化植被指数、作物产量 5 种指标，结合层次分析法分配各指标权重，利用 ArcGIS 进行空间叠合并进行不同等级脆弱性分区。

5）海洋船舶航行风险

船舶是海洋灾害中主要的承灾体，船舶航行遭遇极端风浪风险及船舶碰撞风险是主要的评估对象。因此本书对航行过程中船舶碰撞风险进行评估。

A. 评估指标及其数据来源

船舶航行遭遇极端风浪风险及船舶碰撞风险所需基础数据均来源于船舶自动识别系统（automatic identification system，AIS），该数据来源于全球第三代海浪数值模型后报产品（WWⅢ），能够提供船舶静态数据［船名、呼号、海上移动通信业务标识码（maritime mobile service identify，MMSI）、船舶类型、船长、船宽等］，以及船舶动态数据（经度、纬度、船首向、航迹向、航速等）。该数据空间分辨率为 0.5° × 0.5°，时间分辨率为 3 小时，时间序列则为 2005 年 2 月 1 日至 2017 年 6 月 30 日。

B. 船舶航行遭遇极端风浪风险

船舶航行遭遇风浪风险的评估，首先基于 AIS 数据计算"21 世纪海上丝绸之路"沿线船长小于 125m 船舶出现的概率，结合基于 WWⅢ 数据统计计算的有效波高在 6m 以上海浪出现概率，通过计算两者乘积作为航行风险，并针对不同海区实际情况划分风险等级。具体流程如附图 2.6 和附表 2.16 所示。

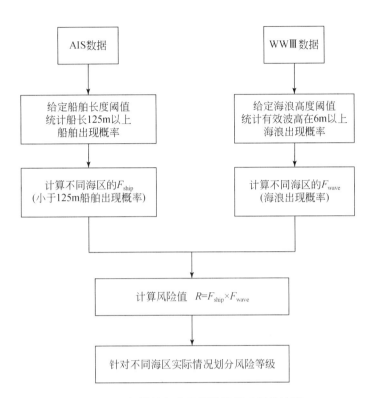

附图 2.6　船舶航行遭遇风浪的风险评估流程

附表 2.16　船舶航行遭遇风浪的风险等级划分

风险等级	极低	低	中等	高	极高
数值范围 /%	0～5	5～15	15～35	35～55	＞55

C. 船舶碰撞风险

针对船舶航行碰撞风险评估则主要使用最小会遇距离（distance to closest point of approach，DCPA）与最小会遇时间（time to closest point of approach，TCPA）作为船舶航行碰撞风险指标，两个指标之间的关系及与碰撞风险的关系如附图 2.7 所示。

在船舶碰撞风险评估过程中，首先依据 AIS 数据，计算"21 世纪海上丝绸之路"船舶的最小会遇距离与最小会遇时间，并根据船舶航行能见度，将其分为日间航行与夜间航行，针对日间航行，其 DCPA 阈值设定为 1 海里（n mile，1n mile=1.852km），最小会遇时间阈值设定为 6 分钟；针对夜间航行，最小会遇距离阈值则设置为 2 海里，最小会遇时间阈值设置为 6 分钟。最终计算超过以上阈值的概率作为船舶碰撞的风险，具体的评估流程与分级标准如附表 2.17 和附图 2.8 所示。

附表 2.17　船舶碰撞风险分级标准

风险等级	极低	低	中等	高	极高
数值范围 / 次	0～50	50～500	500～5000	5000～20000	＞20000

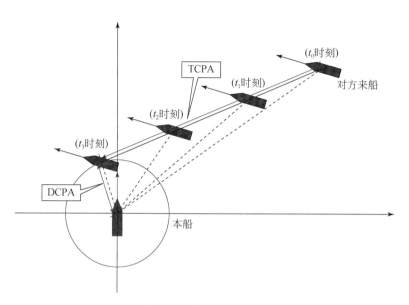

附图 2.7　舶碰撞示意图

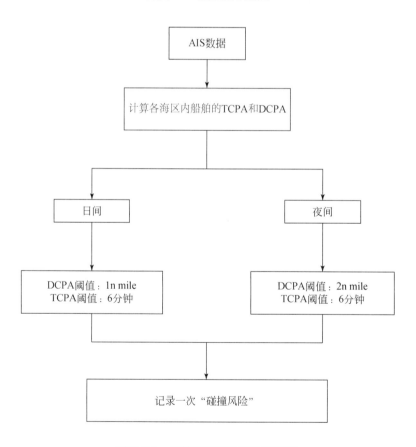

附图 2.8　船舶碰撞风险评估流程图

6）自然灾害综合风险

自然灾害综合风险评估，主要在分析多种自然灾害类型造成的人口死亡与经济损失数据基础上，通过仿真模拟，求得多种自然灾害的危险性、经济损失脆弱性与人口死亡脆弱性，从而评估灾害综合灾害风险。其数据来源主要为鲁汶大学（Université catholique de Louvain）公共健康学院（School of Public Health）发布的 EM-DAT，该数据库记录了全球范围内多种自然灾害类型的统计数据（灾害位置、灾害强度、灾害类型、受灾人口、死亡人口和直接经济损失等）。

针对致灾因子危险性评估方法，首先，基于灾害发生位置的空间分布，使用核密度函数进行空间扩散，从而获得栅格单元尺度上的灾害发生年均频次；其次，基于灾害发生位置的空间分布，在国家尺度上统计灾害年发生频次，由于该数据样本较小，因而基于蒙特卡罗仿真信息扩散模型，模拟 1000 年灾害发生频次；再次，将国家尺度上模拟得到的灾害次数按照栅格单元频次分布图降尺度到每个栅格单元；最终，统计每个栅格单元的年发生频次，即获得多灾种灾害致灾因子危险性空间分布。

根据每个国家历史记录中的死亡人口占受灾人口的比例，作为该国家的人口死亡脆弱性。对于经济损失脆弱性，则首先通过受灾人口数量与人口密度推算出灾害影响的范围，进而计算这一影响范围内所覆盖的 GDP，最终求出每场灾害受灾影响的 GDP，将直接经济损失占受影响 GDP 的比例作为经济损失脆弱性。

$$人口死亡脆弱性 = 死亡人口 / 受影响人口 \qquad （19）$$
$$经济损失脆弱性 = 直接经济损失 / 受影响 GDP \qquad （20）$$

针对灾害风险评估方法，首先根据灾害致灾因子危险性结果，按灾害发生概率随机生成灾情点，其次根据受灾人口与人口密度计算受灾面积，并以国家为单元统计受灾面积、死亡比例、损失比例分布，根据该分布随机生成各场灾害对应的受灾面积、死亡比例、损失比例；再次，根据受灾面积内的总 GDP 和人口密度，计算各场灾害总的死亡人口与直接经济损失，继而统计计算年期望损失和死亡人口，得到经济损失风险和人口死亡风险。评估流程如附图 2.9 所示。

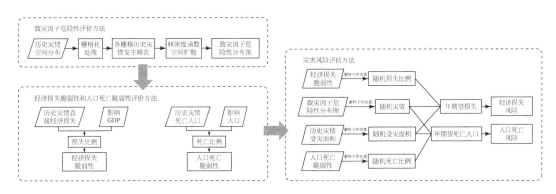

附图 2.9　自然灾害综合风险评估流程

参 考 文 献

曹璞源，胡胜，邱海军，等．2017. 基于模糊层次分析的西安市地质灾害危险性评价．干旱区资源与环境，31(8): 136-142.

孟广文，刘铭．2011. 天津滨海新区自由贸易区建立与评价．地理学报，66(2): 223-234.

杨冬冬，胡胜，邱海军，等．2017. 基于模糊层次分析法对"一带一路"重要区域地质灾害危险性评价——以关中经济区为例．第四纪研究，37(3): 633-644.

Abella E A C, van Westen C J. 2007. Generation of a landslide risk index map for Cuba using spatial multi-criteria evaluation. Landslides, 4(4): 311-325.

Akgun A, Kıncal C, Pradhan B. 2012. Application of remote sensing data and GIS for landslide risk assessment as an environmental threat to Izmir city (west Turkey). Environmental Monitoring and Assessment, 184(9): 5453-5470.

Chang D Y. 1996. Applications of the extent analysis method on fuzzy AHP. European Journal of Operational Research, 95(3): 649-655.

Fell R.1994. Landslide risk assessment and acceptable risk. Canadian Geotechnical Journal, 31(2): 261-272.

Finlay P J, Mostyn G R, Fell R. 1999. Landslide risk assessment: prediction of travel distance. Revue Canadienne De Géotechnique, 36(3): 556-562.

Fread D L. 1991. BREACH: an erosion model for earth dam failures. Hydrologic Research Laboratory, US National Weather Service.

Gentile F, Bisantino T, Trisorio Liuzzi G. 2008. Debris-flow risk analysis in south Gargano watersheds (Southern-Italy). Nature Hazards, 44: 1-17.

Guo H, Bao A, Liu T, *et al.* 2018a. Spatial and temporal characteristics of droughts in Central Asia during 1966–2015. Science of the Total Environment, 624: 1523-1538.

Guo H, Bao A, Ndayisaba F, *et al.* 2018b, Space-time characterization of drought events and their impacts on vegetation in Central Asia. Journal of Hydrology, 564: 1165-1178.

Guzzetti F, Stark C P, Salvati P. 2005. Evaluation of flood and landslide risk to the population of Italy. Environ Manage, 36(1): 15-36.

Kanungo D P, Arora M K, Gupta R P, *et al.* 2008. Landslide risk assessment using concepts of danger pixels and fuzzy set theory in Darjeeling Himalayas. Landslides, 5(4): 407-416.

Kappes M, Keiler M, von Elverfeldt K, Glade T. 2012. Challenges of analyzing multi-hazard risk. Natural Hazards, 64: 1925-1958.

Kawabata D, Bandibas J. 2009. Landslide susceptibility mapping using geological data, a DEM from ASTER images and an Artificial Neural Network (ANN). Geomorphology, 113(1): 97-109.

Lee S H, Yoo S H, Choi J Y, *et al*. 2017. Assessment of the impact of climate change on drought characteristics in the Hwanghae plain, North Korea using time series SPI and SPEI: 1981–2100. Water, 9(8): 579.

Leung L C, Cao D. 2000. On consistency and ranking of alternatives in fuzzy AHP. European Journal of Operational Research, 124(1): 102-113.

Montaseri M, Amirataee B. 2017. Comprehensive stochastic assessment of meteorological drought indices.

International Journal of Climatology, 37(2): 998-1013.

Orencio P M, Fujii M. 2013. A localized disaster-resilience index to assess coastal communities based on an analytic hierarchy process (AHP). International Journal of Disaster Risk Reduction, 3: 62-75.

Reid M, Christian S, Brien D, et al. 2015. Scoops3d-Software to Analyze Three-dimensional Slope Stability throughout a Digital Landscape. U S Geological Survey.

Saaty T L. 2001. Analytic hierarchy process. Encyclopedia of Operations Research and Management Science.

Schellart W P, Strak V. 2016. A review of analogue modelling of geodynamic processes: approaches, scaling, materials and quantification, with an application to subduction experiments. Journal of Geodynamics, 100: 7-32.

Shahi A A, Spross J, Johansson F, et al. 2019. Landslide susceptibility hazard map in southwest Sweden using artificial neural network. CATENA, 183: 104225.

van Asch T W J, Tang C, Alkema D, et al. 2013. An integrated model to assess critical rainfall thresholds for run-out distances of debris flows. Natural Hazards, 70(1): 299-311.

van Westen C J. 2013. Remote sensing and GIS for natural hazards assessment and disaster risk management. Treatise on Geomorphology, 3: 259-298.

van Westen C J, van Asch T W J, Soeters R, 2006. Landslide hazard and risk zonation—why is it still so difficult. Bulletin of Engineering Geology and the Environment, 65(2): 167-184.

Varnes D J. 1984. Landslide hazard zonation: a review of principles and practice. UNESCO.

Vicente-Serrano S M, Begueria S, Lopez-Moreno J I. 2010. A multiscalar drought index sensitive to global warming: the standardized precipitation evapotranspiration index. Journal of Climate, 23(7): 1696-1718.

Wang Q, Shi P, Lei T, et al. 2015. The alleviating trend of drought in the Huang-Huai-Hai plain of China based on the daily SPEI. International Journal of Climatology, 35(13): 3760-3769.

Wang W, Zhu Y, Xu R, et al. 2015. Drought severity change in China during 1961–2012 indicated by SPI and SPEI. Natural Hazards, 75(3): 2437-2451.

Yang M, Yan D, Yu Y, et al. 2016. SPEI-based spatiotemporal analysis of drought in Haihe River basin from 1961 to 2010. Advances in Meteorology, (1): 1-10.

Zhao M, Geruo A, Velicogna I, et al. 2017, A Global Gridded Dataset of GRACE Drought Severity Index for 2002–14: comparison with PDSI and SPEI and a Case Study of the Australia Millennium Drought. Journal of Hydrometeorology, 18(8): 2117-2129.

Zimmermann H-J. 2011. Fuzzy set theory and its applications. Springer Science & Business Media.

Zou Q, Zhou J Z, Zhou C, et al. 2013. Comprehensive flood risk assessment based on set pair analysis-variable fuzzy sets model and fuzzy AHP. Stoch Environ Res Risk Assess, 27: 525-546. doi:10.1007/s00477-012-0598-5.

附录三　自然灾害综合分区评估方法

为综合反映"一带一路"地区各种自然灾害分布特征,本书耦合灾害内部致灾因子(不同灾种的强度及空间分布)与外部孕灾条件(地形地貌特征与气候分区),提出了一种自然灾害综合分区方法,用于评估影响"一带一路"各个地区的主要灾害类型。

1. 自然灾害综合分区方法

通过第 2 章中介绍的地震、地质、气象、海洋等多种自然灾害频次与强度等空间分布特征,可以看出不同的空间分布在多个地区上存在空间上的重叠。因此,如何从多种灾害中识别出主要灾害类型,并且科学的判识其分布的边界,是构建自然灾害综合分区方法的关键。为回答以上问题,本书基于"多灾种识别"分段函数,针对"一带一路"地区主要灾害类型进行综合分区,包括地震、地质、洪水、干旱、海洋、冰冻等灾害。详细的构建方法及算法流程如下:"多灾种识别"分段函数构建的主要依据为各个灾种的强度(分极高、高、中、低、极低 5 类)及其空间分布,具体公式如下:

$$Y^R = \begin{cases} D_i(i=1,2,3,\cdots,6); & \text{若区域内只含有第 } i \text{ 种灾害} \\ \max(D_1, D_2, \cdots, D_i)\ (i=1,2,3,\cdots,6); & \text{若区域内包含第 } i \text{ 种灾害,且其强度均不相同} \\ D_1 \& D_2 \cdots \& D_i(i=1,2,3,\cdots,6); & \text{若区域内包含多种灾害,其中有 } i \text{ 个灾种强度相同且最大} \end{cases} \quad (1)$$

式中,Y^R 为某地区 R 的主要灾害类型;i 为不同灾种,D_i 为在地区 R 上存在的第 i 种灾害的强度。该方法将按照 3 种不同的情景构建分段函数。

(1)情景 1:若地区 R 内,只存在一种灾害类型,则该地区的主要灾害为该种灾害,其灾害强度为 D_i;

(2)情景 2:若地区 R 内,同时覆盖多种灾害分布,但多种灾害的强度有强有弱,均不相同,则该地区的主要灾害为强度最高的灾害种类,其灾害强度为 $\max$($D_1, D_2, \cdots, D_i$)。

(3)情景 3:若地区 R 内,同时覆盖多种灾害分布,但其中有两种或 3 种,甚至多种灾害的强度相同且为其中最大的强度,则该地区的主要灾害类型为强度最大的多个灾种 $D_1 \& D_2 \cdots \& D_i$,其灾害强度为 D_i。

通过"多灾种判识"分段函数计算,可将同一地区遭受的可能的灾害类型分类计算,并在各灾种强度分布的基础上求解出该地区强度最高的灾害类型。此外,由于灾害的形成与灾害的孕育条件密不可分，如地质灾害的发生与地形地貌特征息息相关；洪水、干旱与气候分区关系密切。因此，该方法在计算地区最高的灾害类型同时，还将分析不同灾害外部孕灾条件，并结合地形地貌、气候分布结合河网水系，判识不同灾害类型空间分布的边界。

根据附图 3.1 可以看出，依据"一带一路"温度、降水、高程、高程差、滑坡位置分布、地面峰值加速度、冰冻分布等大量基础数据，针对不同灾害类型的空间格局，利用空间聚类方法，构建分灾种的强度空间分布计算函数，得到地震灾害、地质灾害、洪水、干旱、海洋灾害、冰冻灾害等多种灾害类型不同强度的空间分布。利用 GIS 空间叠合分析技术，获取"一带一路"地区多灾种强度空间分布。然而，由于此结果只能给出"一带一路"地区多种灾害融合后的整体强度与分布，无法进一步判识出其主要的灾害类型及分布边界。为此，需要通过构建"多灾种识别"分段函数提取出主要灾害类型，同时依据地形地貌、气候分区等外部孕灾条件判识其空间分布边界，并最终利用 GIS 栅格计算进行空间叠合分析，实现"一带一路"自然灾害综合分区。

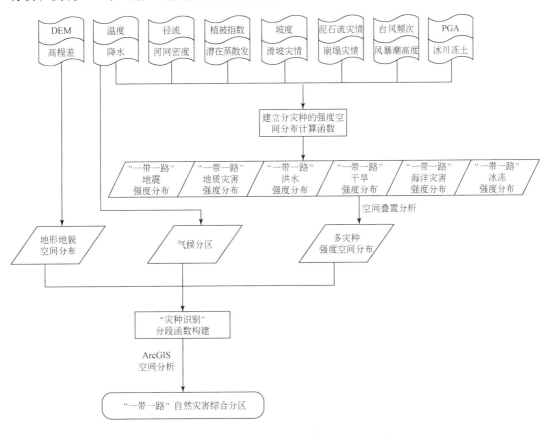

附图 3.1　自然灾害综合分区算法流程示意图

2. 地貌分类方法

"一带一路"地貌分区是按照海拔和起伏高度两个分级指标组合的原则划分为地貌

大区与地貌区两个基本地貌类型。

地貌大区（一级地貌区）：主要由大山脉、大高原、大山原、大盆地、大平原等规模的基本地貌类型组合构成，主要受内营力控制的巨型构造地貌单元，反映了内营力造成的第一级巨地形轮廓的地貌差异。它们从宏观上控制了外营力作用的分异。

地貌区（二级地貌区）：在地貌大区内，根据内营力作用造成的较大规模山地、高原、山原、盆地、平原等次级基本地貌类型组合、地貌形态（包括海拔和起伏高度）、大面积的物质组成和外营力过程（如黄土、沙漠、喀斯特和干旱荒漠气候地貌等）区域差异，划分为若干个地貌区。

在传统基于海拔划分平原、台地和山地分类的基础上，按地表起伏高度对"一带一路"地貌单元划分：平原（＜30m）、台地（30～100m）、丘陵（100～200m）、小起伏山地（200～500m）、中起伏山地（500～1000m）、大起伏山地（1000～2500m）和极大起伏山地（＞2500m）等7个基本地貌单元。

在高程分级的基础上，利用ArcGIS空间分析技术与地貌单元划分标准（附表3.1），通过邻域分析，对每个栅格的地形起伏度值进行重分类，对地形起伏高度进一步划分。并对分类结果中零散碎斑问题，依据不影响基本地貌类型组合的原则，采用对个别面积较小的地貌类型组合进行邻域合并的方法进行数据融合处理。最终，获取"一带一路"地区地貌类型分区图。

附表3.1 "一带一路"地貌类型 （单位：m）

形态类型	海拔	低海拔 ＜1000	中海拔 1000～2000	高中海拔 2000～4000	高海拔 4000～6000	极高海拔 ＞6000
平原	＜30	低海拔平原	中海拔平原	高中海拔平原	高海拔平原	—
台地	300～100	低海拔台地	中海拔平原	高中海拔台地	高海拔台地	—
山地	丘陵：100～200	低海拔丘陵	中海拔平原	高中海拔丘陵	高海拔丘陵	—
	小起伏山地：200～500	小起伏山	小起伏中山	小起伏高中山	小起伏高山	—
	中起伏山地：500～1000	中起伏山	中起伏中山	中起伏高中山	中起伏高山	中起伏极高山
	大起伏山地：1000～2500	—	小起伏中山	大起伏高中山	大起伏高山	大起伏极高山
	极大起伏山地：＞2500	—	—	极大起伏高中山	极大起伏高山	极大起伏极高山

3. 气候分区方法

气候分区是研究自然灾害时空响应与趋势预测的基础条件，也是自然灾害空间分异的主要因素。最常用的气候分类图是 Wladimir Koppen 的气候分类图，由 Rudolf Geiger 在 1961 年的最新版本中提供。虽然气候分类概念已广泛应用于气候和气候变化研究，以及自然地理学、水文学、农业、生物学和教育学等领域，但至今仍缺少一份完整的《世界气候分类图》更新文件。本书根据东安格利亚大学气候研究中心（CRU）和德国气象局全球降水气候学中心（GPCC）最近的数据集，完成"一带一路"地区气候分区。

4. 不同类型自然灾害强度分区

自然灾害强度分区是以多种自然灾害类型组合及其致灾因子强度为主要依据并考虑灾害影响进行分区。灾害强度是自然灾害综合分区的关键因素。由于灾种不同，其定量指标各异，且各指标又具有不同量纲，故对不同的灾害强度指标采用标准化处理法，从而达到统一量纲的目的。"一带一路"自然灾害强度分区的基本过程包括：

（1）计算获得单灾种强度，即地震灾害强度、地质灾害密度、干旱频次、洪水频次；

（2）分别针对地震灾害强度、洪水频次、干旱频次、地质灾害密度绘制分布图，并利用空间叠加分析，计算综合自然灾害强度值；

（3）根据灾害强度等级，将"一带一路"自然灾害分为 5 个等级区，分别为强烈区、重度区、中度区、低度区和弱度区，并编制"一带一路"地区综合自然灾害强度分区图。